工业机器人技术专业系列规划教材

GONGYE JIQIREN
FANGZHEN YINGYONG JIAOCHENG

工业机器人
仿真应用教程

主　编　钟志诚　金　鑫

副主编　钟　健

参　编　贺　凯　许　文

U0190566

重庆大学出版社

内容提要

本书围绕着熟悉 ABB 工业机器人仿真软件,并能建立仿真工作站,再到进行仿真应用这一主题展开。详细地讲解了 RobotStudio 仿真软件的安装、工作站的建立、建模功能的使用、工具工件坐标的设定、轨迹规划和编程以及应用工作站的创建。课程内容包含仿真实训的每一个操作步骤,让学员了解 RobotStudio 仿真软件的功能,具备基本的工业机器人仿真应用操作能力,从而更好地适应机器人应用开发设计工作。

本书适用于学习 ABB 机器人应用的操作和编程人员,特别是刚刚接触 ABB 机器人的工程技术人员,以及中职高职院校的机器人相关专业的学生。

图书在版编目(CIP)数据

工业机器人仿真应用教程/钟志诚,金鑫主编.——
重庆:重庆大学出版社,2017.3(2021.8 重印)
ISBN 978-7-5624-9988-6

Ⅰ.①工… Ⅱ.①钟…②金… Ⅲ.①工业机器人—
计算机仿真—教材 Ⅳ.①TP242.2

中国版本图书馆 CIP 数据核字(2016)第 165836 号

工业机器人仿真应用教程

主编 钟志诚 金 鑫
副主编 钟 健
参编 贺 凯 许 文
策划编辑:周 立

责任编辑:周 立 版式设计:周 立
责任校对:秦巴达 责任印制:张 策

*

重庆大学出版社出版发行
出版人:饶帮华
社址:重庆市沙坪坝区大学城西路 21 号
邮编:401331
电话:(023) 88617190 88617185(中小学)
传真:(023) 88617186 88617166
网址:http://www.cqup.com.cn
邮箱:fxk@ cqup.com.cn (营销中心)
全国新华书店经销
重庆长虹印务有限公司印刷

*

开本:787mm×1092mm 1/16 印张:16.25 字数:385 千
2017 年 3 月第 1 版 2021 年 8 月第 3 次印刷
印数:4 001—5 000
ISBN 978-7-5624-9988-6 定价:45.00 元

前　言

随着工业制造水平的不断发展,一个集机械、电子、控制、计算机、传感器、人工智能等多学科先进技术于一体的现代制造业重要的自动化装备——工业机器人,已经全面应用于生产制造的许多行业。工业机器人应用发展水平已经成为衡量一个国家智能制造水平的重要标志。如何在高成本、高操作难度的机器人应用试验、测试的基础上不断提高机器人应用水平——RobotStudio 仿真软件应运而生。

本教材结合生产实际的要求,针对机器人仿真软件的操作与应用,采用项目任务式一体化教学方式。主要内容以 RobotStudio 仿真软件为载体,以 ABB 机器人为对象,通过三维建模、仿真工业机器人工作站、离线轨迹编程、Smart 组件应用内容实训操作,让学生掌握工业机器人仿真软件的基本知识和基本操作技能,并熟悉仿真在工业实际中的应用过程。

本教材的主导思想:突出操作技能,提高动手能力。书中采用了大量的实例,知识结构由浅到深,项目训练由易到难,循序渐进,理论与实践紧密结合。将企业岗位所需的知识和技能以训练任务为载体,使读者能够掌握实用的知识和技能。

学习本课程需要具备一定的工业机器人的结构,对工业机器人的生产应用有一定的了解,具备一定的编程基础知识。

本教材适用于高职高专院校的工业机器人技术专业以及中职学校机器人相关专业方向的专业课程的学习,提升工业机器人仿真应用能力。

本教材由深圳市华兴鼎盛科技有限公司钟志诚、黄冈职业技术学院金鑫担任主编,深圳职业技术学院钟健担任副主编。在编写过程中,深圳市华兴鼎盛科技有限公司工程师参与教材的论证与编写,为了使学习更有针对性,该教材案例结合了深圳市华兴鼎盛科技有限公司设计和生产的实训设备。

限于编写时间和编者的水平,在编写过程中难免有错误之处,我们十分期望读者及专业人士提出宝贵意见与建议,以便今后不断加以完善。

编　者

2017 年 3 月

目　录

项目一　了解工业机器人仿真技术并安装 RobotStudio ················· 1

任务一　了解工业机器人仿真技术的发展状况及应用特点 ·············· 1

任务二　工业机器人仿真软件 Robotstudio 安装 ······················ 3

任务三　RobotStudio 的软件授权管理 ······························· 6

任务四　RobotStudio 的软件界面介绍 ······························· 10

项目二　RobotStudio 中的建模功能 ·································· 14

任务一　建模功能的使用 ·· 14

任务二　测量工具的使用 ·· 18

任务三　创建机械装置 ·· 25

项目三　构建基本仿真工业机器人工作站 ···························· 37

任务一　布局工业机器人基本工作站 ································ 37

任务二　机器人工作站系统的生成并进行手动操纵 ···················· 46

任务三　创建运行轨迹程序并仿真运行 ······························ 58

任务四　创建机器人用工具 ·· 71

项目四　机器人离线轨迹编程 ······································ 81

任务一　创建机器人离线轨迹曲线及路径 ···························· 81

任务二　机器人目标点调整及仿真播放 ······························ 88

任务三　机器人离线轨迹编程辅助工具 ······························ 103

项目五　Smart 组件的应用 ·· 112

任务一　用 Smart 组件创建动态输送链 ······························ 112

任务二　用 Smart 组件创建动态夹具 ······························· 133

任务三　Smart 组件——子组件概览 ································· 152

项目六　带导轨和变位机的机器人系统创建与应用 ···················· 180

任务一　创建带导轨的机器人系统 ································· 180

任务二　创建带变位机的机器人系统 ································ 191

项目七　RobotStudio 仿真软件的虚拟示教器 ·························· 212
任务一　打开虚拟示教器并进行手动操作 ·························· 212
任务二　利用虚拟示教器模拟设定三个关键的程序数据 ·············· 231

参考文献 ·· 253

项目一

了解工业机器人仿真技术并安装 RobotStudio

任务一　了解工业机器人仿真技术的发展状况及应用特点

知识点 1. 了解机器人仿真技术的发展状况

工业自动化的市场竞争压力日益加剧,客户在生产中要求更高的效率,以降低价格,提高质量。如今让机器人编程在新产品生产之前花费时间检测或试运行是行不通的,因为这意味着要停止现有的生产以对新的或修改的部件进行编程。不先验证到达距离及工作区域,而冒险制造刀具和固定装置已不再是首选方法。现代生产厂家在设计阶段就会对新部件的可制造性进行检查。在为机器人编程时,离线编程可与建立机器人应用系统同时进行。

在产品制造的同时对机器人系统进行编程,可提早开始产品生产,缩短上市时间。离线编程在实际机器人安装前,通过可视化及可确认的解决方案和布局来降低风险,并通过创建更加精确的路径来获得更高的部件质量。为实现真正的离线编程,RobotStudio 采用了ABBVirtualRobot™技术。ABB 在十多年前就已经发明了 VirtualRobot™ 技术。RobotStudio 是市场上离线编程的领先产品。通过新的编程方法,ABB 正在世界范围内建立机器人编程标准。

知识点 2. 熟悉机器人仿真软件的主要功能和应用特点

在 RobotStudio 中可以实现以下的主要功能:

1. CAD 导入。RobotStudio 可轻易地以各种主要的 CAD 格式导入数据,包括 IGES,STEP,VRML,VDAFS,ACIS 和 CATIA。通过使用此类非常精确的 3D 模型数据,机器人程序设计员可以生成更为精确的机器人程序,从而提高产品质量。

2. 自动路径生成。这是 RobotStudio 最节省时间的功能之一。通过使用待加工部件的CAD 模型,可在短短几分钟内自动生成跟踪曲线所需的机器人位置。如果人工执行此项任务,则可能需要数小时或数天。

3. 自动分析伸展能力。此便捷功能可让操作者灵活移动机器人或工件，直至所有位置均可到达。可在短短几分钟内验证和优化工作单元布局。

4. 碰撞检测。在 RobotStudio 中，可以对机器人在运动过程中是否可能与周边设备发生碰撞进行一个验证与确认，以确保机器人离线编程得出的程序的可用性。

5. 在线作业。使用 RobotStudio 与真实的机器人进行连接通信，对机器人进行便捷的监控、程序修改、参数设定、文件传送及备份恢复的操作，使调试与维护工作更轻松。

6. 模拟仿真。根据设计，在 RobotStudio 中进行工业机器人工作站的动作模拟仿真以及周期节拍，为工程的实施提供真实的验证。

7. 应用功能包。针对不同的应用推出功能强大的工艺功能包，将机器人更好地与工艺应用进行有效的融合。

8. 二次开发。提供功能强大的二次开发平台，使机器人应用实现更多的可能，满足机器人的科研需要。

技能训练

观看一些机器人生产应用特别是仿真技术生产应用的教学视频，激发学生对本课程的学习兴趣。

课后思考及练习

1. 多了解我们生活中有哪些生产生活运用到机器人？

2. 机器人仿真技术与实际操作机器人教学相比有哪些优势？

3. 如何获取更多的机器人仿真技术学习资料？

教学质量检测

任务书 1-1

项目名称	了解工业机器人仿真技术并安装 RobotStudio			任务名称	了解工业机器人仿真技术的发展状况及应用特点		
班级		姓名		学号		组别	
任务内容	了解工业机器人技术的发展状况以及仿真技术应用的必要性。教师根据教材内容结合一些视频讲解机器人仿真技术的功能以及应用场合。						
任务目标	1. 了解什么是工业机器人仿真应用技术 2. RobotStudio 有哪些主要功能			掌握情况		1. 了解 2. 熟悉 3. 熟练掌握	
任务实施总结							
教师评价							

任务二　工业机器人仿真软件 Robotstudio 安装

任务描述

通过合适的下载路径下载 RobotStudio 软件并在教师的教学演示下学会安装 RobotStudio 软件。

技能训练

RobotStudio 软件的安装步骤演示与操作。

操作内容 1. 下载 RobotStudio

下载 RobotStudio 的过程如图 1-2-1、图 1-2-2 所示。

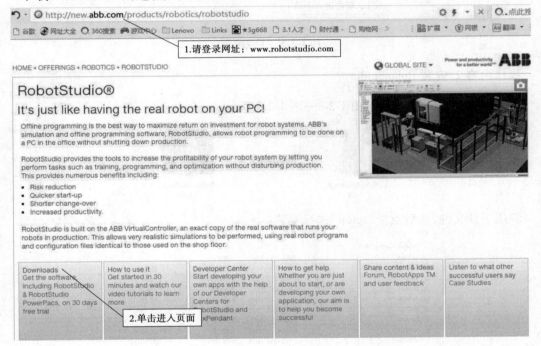

图 1-2-1　下载网址

Software Downloads
Download RobotStudio with RobotWare, and PowerPacs

You can download and use RobotStudio in **Basic Functionality** mode for free. To enable **Premium Functionality** mode, please contact an ABB sales representative to purchase a RobotStudio subscription. Each PowerPac requires a separate subscription.

RobotStudio includes a matching version of RobotWare. Previous versions can be downloaded from within RobotStudio.

For evaluation purposes, you can try Premium Functionality and PowerPacs for 30 days free of charge.

RobotStudio Subscription Model
Read more about the RobotStudio Subscription Model to understand the contents of a RobotStudio purchase.

RobotStudio

Download RobotStudio & RobotWare 6.03.02
Release date: 20160704
Size: 2.1 GB

OPC Server and RobotStudio SDK, FlexPendant SDK and PC SDK are available from:
→ ABB Robotics Developer Center

3.单击进入下载

图 1-2-2　下载内容

操作内容 2. 安装 RobotStudio

安装 RobotStudio 的过程如图 1-2-3—图 1-2-5 所示。

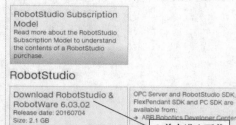

RobotStudio_6.03 ← RobotStudio_6.03.zip

解压下载文件，然后点击"setup"进行安装：

名称	修改日期	类型	大小
ISSetupPrerequisites	2015/12/7 14:22	文件夹	
Utilities	2015/12/7 14:22	文件夹	
0x040a	2010/6/22 15:31	配置设置	25 KB
0x040c	2010/6/22 15:35	配置设置	26 KB
0x0407	2010/6/22 15:30	配置设置	26 KB
0x0409	2010/3/23 16:44	配置设置	22 KB
0x0410	2010/6/22 15:37	配置设置	25 KB
0x0411	2010/4/7 6:03	配置设置	15 KB
0x0804	2010/6/22 15:49	配置设置	11 KB
1031.mst	2015/6/12 12:55	MST 文件	108 KB
1033.mst	2015/6/12 12:55	MST 文件	20 KB
1034.mst	2015/6/12 12:55	MST 文件	108 KB
1036.mst	2015/6/12 12:55	MST 文件	108 KB
1040.mst	2015/6/12 12:55	MST 文件	108 KB
1041.mst	2015/6/12 12:55	MST 文件	104 KB
2052.mst	2015/6/12 12:55	MST 文件	76 KB
ABB RobotStudio 6.01.01	2015/6/12 13:19	Windows Install...	10,674 KB
AcisInterOpConnectOptions	2015/3/30 18:17	看图王 PDF 文件	222 KB
Data1	2015/6/12 12:55	好压 CAB 压缩文件	1,693,992...
NT_VC12_64_DLL	2015/6/12 13:01	好压 CAB 压缩文件	304,326 KB
NT_VC12_DLL	2015/6/12 12:57	好压 CAB 压缩文件	260,268 KB
Release Notes RobotStudio 6.01.01	2015/6/12 15:00	看图王 PDF 文件	2,635 KB
Release Notes RW 6.01.01	2015/6/12 14:20	看图王 PDF 文件	301 KB
RobotStudio EULA	2015/3/30 18:17	RTF 文件	120 KB
setup	2015/6/12 13:19	应用程序	1,464 KB
Setup	2015/6/12 12:55	配置设置	8 KB

4.双击"setup"

图 1-2-3　点击运行程序

图 1-2-4 安装产品

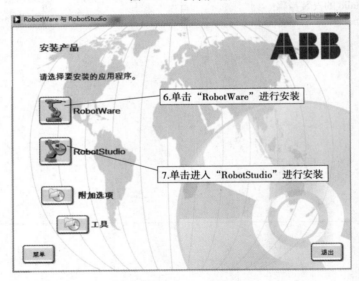

图 1-2-5 安装内容

为了确保 RobotStudio 能够正确地安装,请注意以下的事项:

1.计算机的系统配置建议见下表。

硬 件	要 求
CPU	i5 或以上
内存	2 GB 或以上
硬盘	空闲 20 GB 以上
显卡	独立显卡
操作系统	Windows7 或以上

2.操作系统中的防火墙可能会造成 RobotStudio 的不正常运行,如无法连接虚拟控制器,所以建议关闭防火墙或对防火墙的参数进行恰当的设定。

课后思考及练习

1.安装 RobotStudio 软件过程中哪些选项是需要我们选择的?

2.单独完成 RobotStudio 软件的操作步骤。

教学质量检测

任务书 1-2

项目名称	了解工业机器人仿真技术并安装 RobotStudio		任务名称	工业机器人仿真软件 RobotStudio 的安装		
班级		姓名		学号		组别	
任务内容	通过 ABB 官网下载 RobotStudio 仿真软件并学会安装软件的操作步骤。					
任务目标	1.掌握 RobotStudio 的下载方法 2.RobotStudio 的安装步骤		掌握情况	1.了解 2.熟悉 3.熟练掌握		
任务实施总结						
教师评价						

任务三 RobotStudio 的软件授权管理

任务描述

了解 RobotStudio 软件的授权类别以及授权作用,通过教师的演示操作学会正确的对 RobotStudio 软件进行授权操作。

技能训练

RobotStudio 软件的授权操作步骤的演示。

操作内容 1. **关于 RobotStudio 的授权**

在第一次正确安装 RobotStudio 以后（图 1-3-1），软件提供 30 天的全功能高级版免费试用。30 天以后，如果还未进行授权操作的话，则只能使用基本版的功能。

基本版：提供基本的 RobotStudio 功能，如配置、编程和运行虚拟控制器。还可以通过以太网对实际控制器进行编程、配置和监控等在线操作。

高级版：提供 RobotStudio 所有的离线编程功能和多机器人仿真功能。高级版中包含基本版中的所有功能。要使用高级版需进行激活。

针对学校，有学校版的 RobotStudio 软件用于教学。

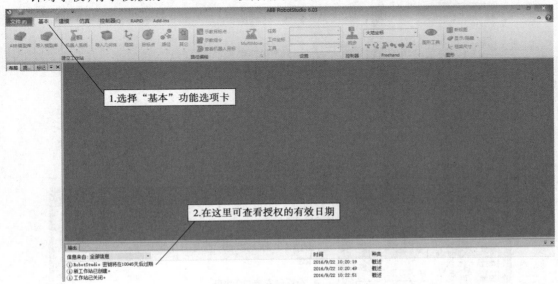

图 1-3-1　查看软件有效期

操作内容 2. **激活授权的操作**

如果已经从 ABB 获得 RobotStudio 的授权许可证，可以通过以下方式激活 RobotStudio 软件。

单机许可证只能激活一台计算机的 RobotStudio 软件，而网络许可证可在一个局域网内建立一台网络许可证服务器，给局域网内的 RobotStudio 客户端进行授权许可，客户端的数量由网络许可证所允许的数量决定。在授权激活后，如果计算机系统出现问题并重新安装 RobotStudio，将会造成授权失败。

在激活之前，请将计算机连接上互联网。因为 RobotStudio 可以通过互联网进行激活，这样操作会便捷很多。激活 RobotStudio 的步骤如图 1-3-2—图 1-3-4 所示。

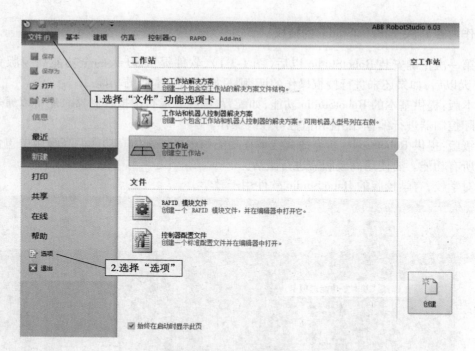

图 1-3-2 "文件"选项界面

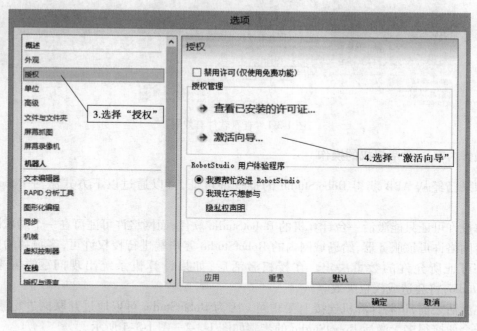

图 1-3-3 激活操作

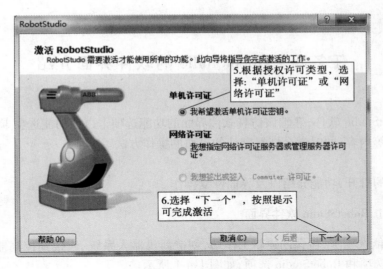

图 1-3-4　激活界面

课后思考及练习

1. 单击许可证与网络许可证激活 RobotStudio 激活有哪些方面的不同？

2. 练习 RobotStudio 软件的授权操作步骤。

教学质量检测

任务书 1-3

项目名称	了解工业机器人仿真技术并安装 RobotStudio		任务名称	RobotStudio 的软件授权管理		
班级		姓名		学号		组别	
任务内容	通过教师的操作演示了解 ABB 仿真软件 RobotStudio 的授权管理的基本操作步骤以及掌握一些界面常出现的问题的解决方法。					
任务目标	1. RobotStudio 仿真软件的授权管理操作内容 2. RobotStudio 界面恢复的操作步骤		掌握情况		1. 了解 2. 熟悉 3. 熟练掌握	
任务实施总结						
教师评价						

任务四　RobotStudio 的软件界面介绍

任务描述

打开 RobotStudio 软件,熟悉该仿真软件界面的功能选项卡以及功能选项卡中所包含的组件、系统、工具等内容,同时学会恢复默认的界面的操作方法。

技能训练

仿真软件的打开,功能介绍以及界面恢复操作。

操作内容 1. RobotStudio 软件界面

"文件"功能选项卡,包含创建新工作站、创造新机器人系统、连接到控制器、将工作站另存为查看器的选项和 RobotStudio 选项,如图 1-4-1 所示。

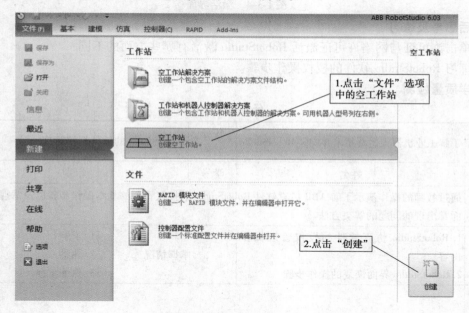

图 1-4-1　仿真站进入界面

"基本"功能选项卡,包含搭建工作站、创建系统、编程路径和摆放物体所需的控件,如图 1-4-2 所示。

图 1-4-2　"基本"功能选项卡

"建模"功能选项卡,包含创建和分组工作站组件、创建实体、测量以及其他 CAD 操作所需的控件,如图 1-4-3 所示。

图 1-4-3　"建模"功能选项卡

"仿真"功能选项卡,包含创建、控制、监控和记录仿真所需的控件,如图 1-4-4 所示。

图 1-4-4　"仿真"功能选项卡

"控制器"功能选项卡,包含用于虚拟控制器(VC)同步、配置和分配给它的任务控制措施。它还包含用于管理真实控制器的控制功能,如图 1-4-5 所示。

图 1-4-5　"控制器"功能选项卡

"RAPID"功能选项卡,包括"RAPID"编辑器的功能、"RAPID"文件的管理以及用于"RAPID"编程的其他控件,如图 1-4-6 所示。

图 1-4-6　"RAPID"功能选项卡

"Add-Ins"功能选项卡,包含 PowerPacs 和 VSTA 的相关控件,如图 1-4-7 所示。

图 1-4-7　"Add-Ins"功能选项卡

操作内容 2. 恢复默认 RobotStudio 界面的操作

刚开始操作 RobotStudio 时,常常会遇到操作窗口被意外关闭的情况,从而无法找到对应的操作对象和查看相关的信息,如图 1-4-8 所示。

图 1-4-8　界面窗口意外关闭

可进行图 1-4-9 所示的操作恢复默认 RobotStudio 界面。

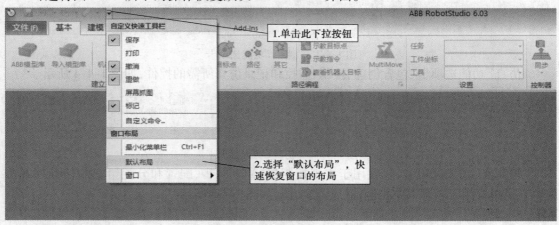

图 1-4-9　界面恢复操作

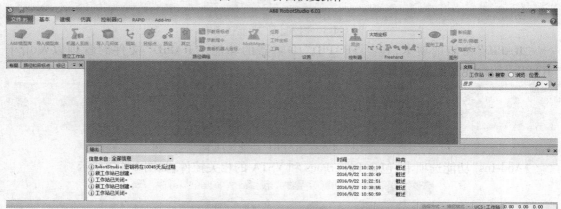

图 1-4-10　恢复后的界面

课后思考及练习

1. 打开 RobotStudio 软件,熟悉各功能选项卡的内容以及这些内容是如何运行与运用的。

2. 了解哪些功能是我们经常需要用到的。

教学质量检测

任务书 1-4

项目名称	了解工业机器人仿真技术并安装 RobotStudio	任务名称	RobotStudio 的软件界面介绍		
班级		姓名		学号		组别	
任务内容	熟悉 RobotStudio 仿真软件的操作界面,了解"文件""基本""建模""仿真"等功能选项卡所包含的内容;学会对 RobotStudio 仿真软件界面进行恢复操作。				
任务目标	1. 熟悉 RobotStudio 仿真软件操作界面 2. 了解各功能选项卡所包含的内容 3. 学会设置如何恢复"默认布局"	掌握情况	1. 了解 2. 熟悉 3. 熟练掌握		
任务实施总结					
教师评价					

项目二

RobotStudio 中的建模功能

任务一　建模功能的使用

任务描述

通过 RobotStudio 仿真软件中的"建模"功能选项在工作站中建立长方体、圆柱体、锥体等简单的 3D 模型,从而节约仿真时间。

技能训练

长方体、圆柱体、锥体的 3D 模型建立以及参数测量的操作步骤。

当使用 RobotStudio 进行机器人的仿真验证时,如节拍、到达能力等,如果对周边模型要求不是非常细致的表述时,可以用简单的等同实际大小的基本模型进行代替,从而节约仿真验证的时间。如图 2-1-1 所示,矩形体代替木架。

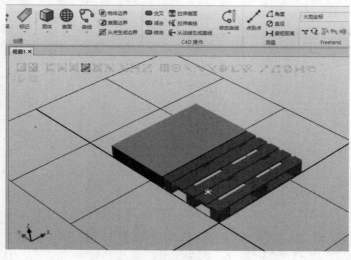

图 2-1-1　矩形体和木架

　　如果需要精细的 3D 模型,可通过第三方的建模软件进行建模,并通过 *.sat 格式导入
RobotStudio 中来完成建模布局的工作。

1. 使用 RobotStudio 建模功能进行 3D 模型的创建

3D 建模过程如图 2-1-2—图 2-1-4 所示。

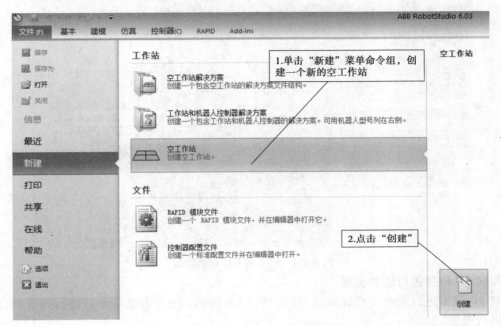

图 2-1-2　创建工作站

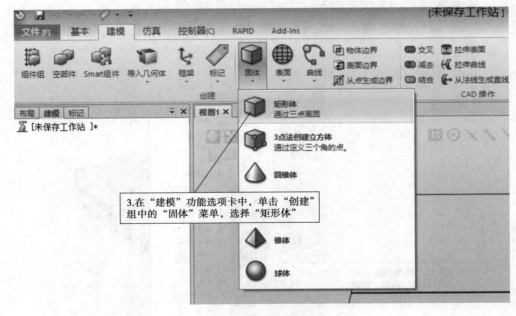

图 2-1-3　创建矩形体

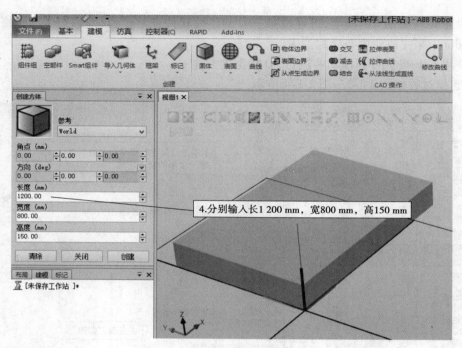

图 2-1-4　输入矩形体规格参数

2. 对 3D 模型进行相关设置

对 3D 模型进行的相关设置如图 2-1-5、图 2-1-6 所示。在修改选项中可进行颜色、本地原点等进行设置。

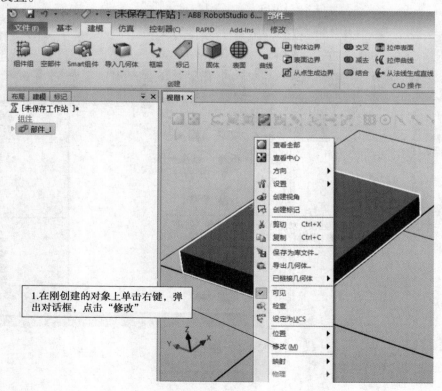

图 2-1-5　颜色设定

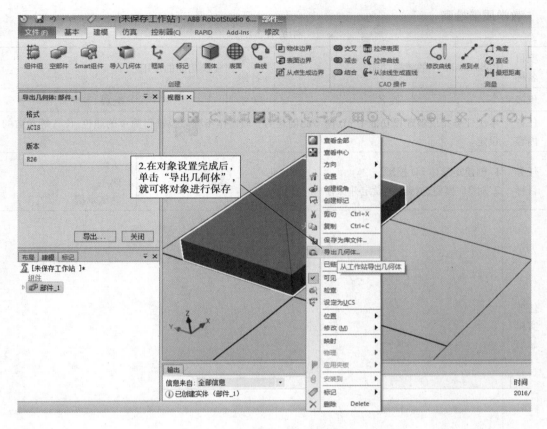

图 2-1-6　保存几何体

为了提高与各种版本 RobotStudio 的兼容性,建议在 RobotStudio 中做任何保存的操作时,保存的路径和文件名字最好使用英文字符。

课后思考及练习

1. 建模功能选项卡中所建立的模型有哪些特点?

2. 我们在建立工作站中如何合理地利用建模功能创建需要的 3D 模型?

3. 课后学生需要自己单独完成长方体、圆柱体、锥体等的 3D 建模操作。

教学视频

建模功能选项的运用。

教学质量检测

任务书 2-1

项目 名称	RobotStudio 中的建模功能			任务 名称	建模功能的使用		
班级		姓名		学号		组别	
任务 内容	本次任务是讲解建模功能中 3D 模型的创建的一般操作步骤以及进行简单的颜色、位置等参数的 设定。						
任务 目标	1. 创建矩形体 3D 模型 2. 对 3D 模型进行颜色设定并保存			掌握情况		1. 了解 2. 熟悉 3. 熟练掌握	
任务 实施 总结							
教师 评价							

任务二 测量工具的使用

任务描述

在建模功能选项中,有点到点的测量、圆柱直径测量、角度测量、物体间最短距离测量。我们的任务内容将是学会如何运用这些功能完成模型之间位置的测量。

技能培训

点到点、圆柱直径、角度、物体间最短距离的测量操作步骤。

1. 测量垛板长度

测量垛板长度操作步骤如图 2-2-1、图 2-2-2 所示。

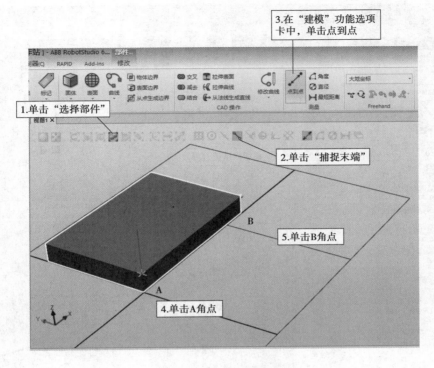

图 2-2-1　长度测量

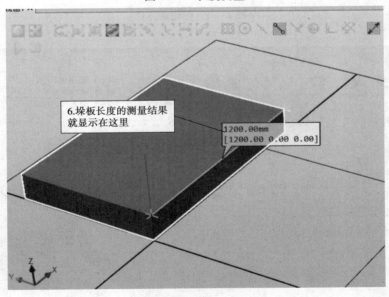

图 2-2-2　长度测量值

2. 测量锥体的角度

为了后续的锥体角度、圆柱直径的测量,首先,先建立锥体、圆柱体等模型,方法同建立矩形体一样,选择建模中的"固体",然后设置规格参数。如图 2-2-3、图 2-2-4 所示。

说明:边数设置成 3,让后基座中心设置成 – 500,表示偏离 Y 轴负方向 500mm。右键修改设定颜色为绿色。再创建一个圆柱,如图 2-2-4 所示。

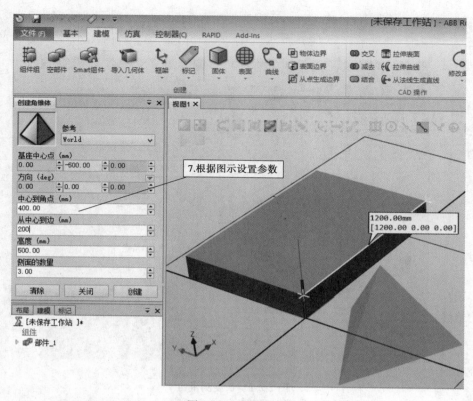

图 2-2-3　创建锥体

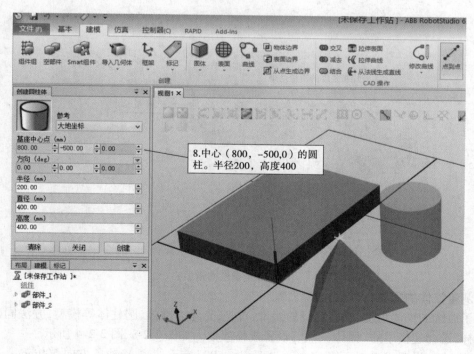

图 2-2-4　创建圆柱体

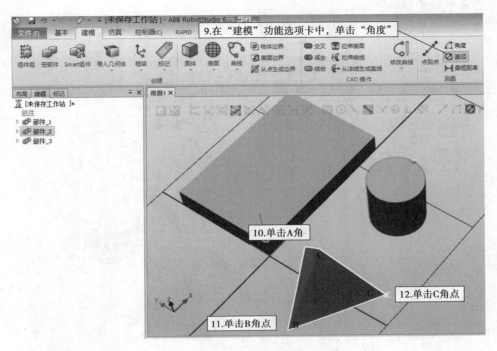

图 2-2-5　锥体角度测量

说明，测量哪个角度，首先选中的点是顶点。图示测量的角度是∠BAC，如图 2-2-5、图 2-2-6所示。

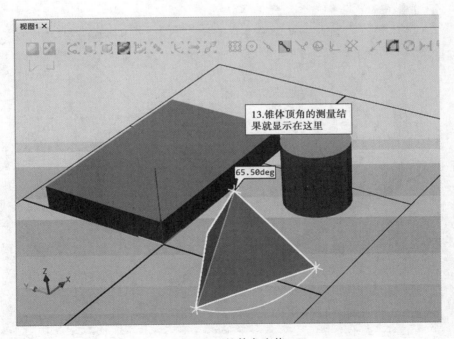

图 2-2-6　锥体角度值

3. 测量圆柱体的直径

测量圆柱体直径的步骤如图 2-2-7、图 2-2-8 所示。在圆柱边缘上任意捕捉三个点，如图 2-2-7 所示。

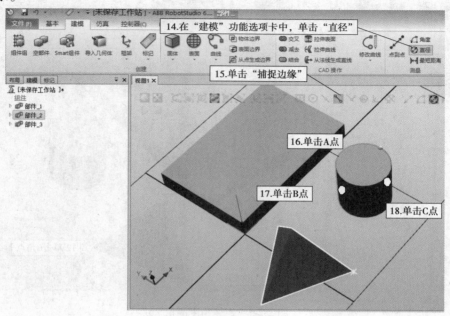

图 2-2-7　直径测量

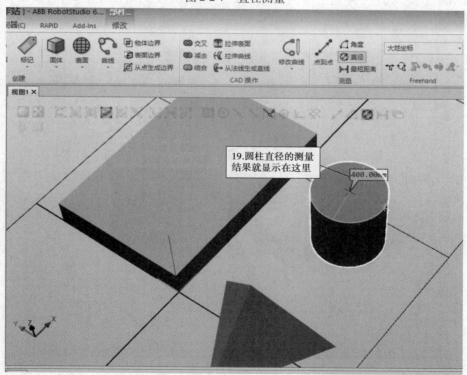

图 2-2-8　直径测量值

4. 测量两个物体间最短距离

测量两个物体间最短距离的步骤如图 2-2-9、图 2-2-10 所示。

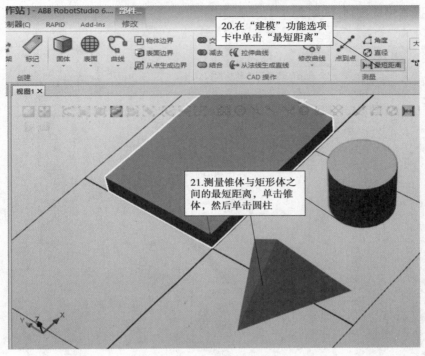

图 2-2-9　最短距离测量

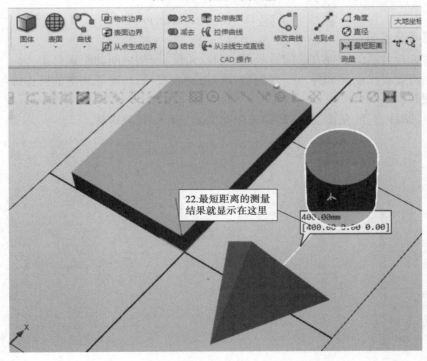

图 2-2-10　最短距离测量值

5. 测量的技巧

测量的技巧主要体现在能够运用各种选择部件和捕捉模式正确地进行测量,需要多练习,以便掌握其中的技巧,如图 2-2-11 所示。

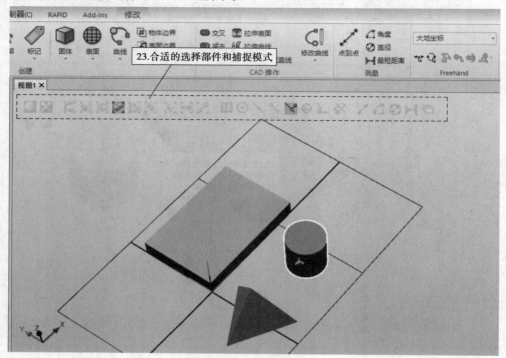

图 2-2-11　合理选择捕捉方式

课后思考及练习

1. 如何选择合适的捕捉方法测量长度、直径、角度、模型之间的距离?

2. 学生需要自己创建和导入一些模型,进行长度、直径、角度等测量的操作练习。

教学视频

点到点、圆柱直径、角度、物体间最短距离的测量操作视频讲解。

教学质量检测

任务书 2-2

项目 名称	RobotStudio 中建模功能的使用		任务 名称	测量工具的使用		
班级		姓名		学号		组别	
任务 内容	本次任务通过对建模功能选项卡中长度、直径、角度、最短距离等测量工具的使用,让学生掌握在仿真软件 RobotStudio 运用一般的测量技能。					
任务 目标	1. 长度测量 2. 直径测量 3. 角度测量 4. 最短距离测量		掌握情况		1. 了解 2. 熟悉 3. 熟练掌握	
任务 实施 总结						
教师 评价						

任务三　创建机械装置

任务描述

利用建模功能创建两个模型,设定简单的机械关系,完成机械装置的创建并保存。

技能训练

创建机械装置的操作步骤。

在工作中,为了更好地展示效果,会为机器人周边的模型制作动画效果,如输送带、夹具和滑台等。这里以创建机械装置的一个能够滑动的滑台为例开展这项任务,如图 2-3-1 所示。具体步骤如下:

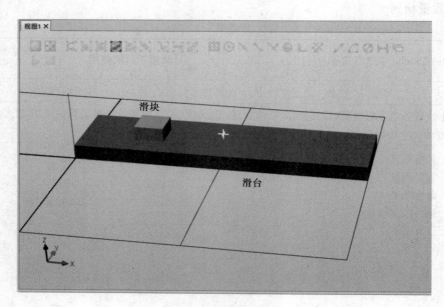

图 2-3-1 滑台机械装置

1. 创建滑台与滑块 3D 模型

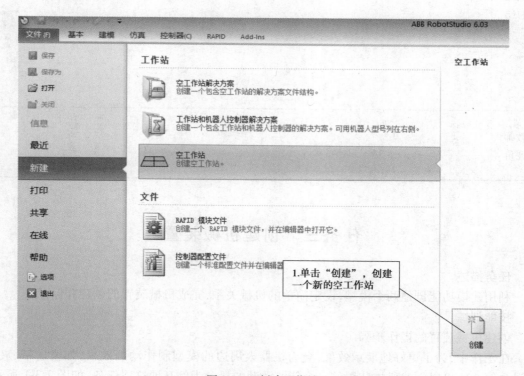

图 2-3-2 创建工作站

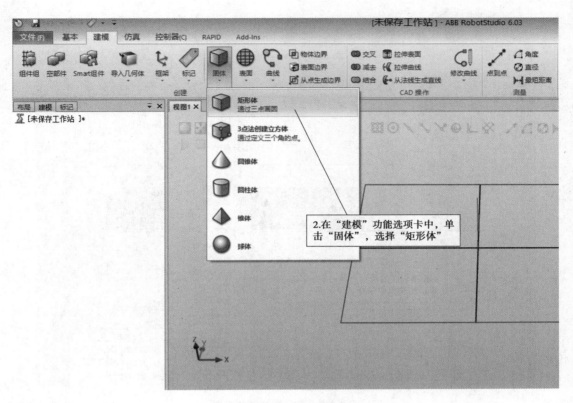

图 2-3-3 创建滑台模型

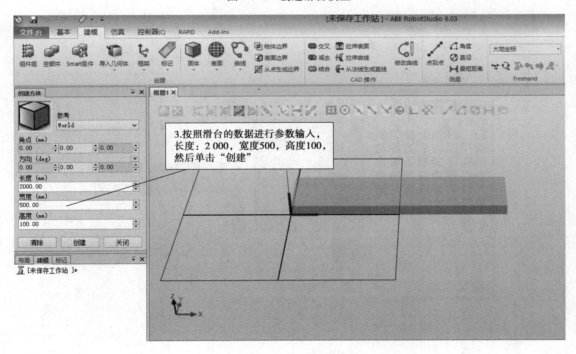

图 2-3-4 滑台模型参数设置

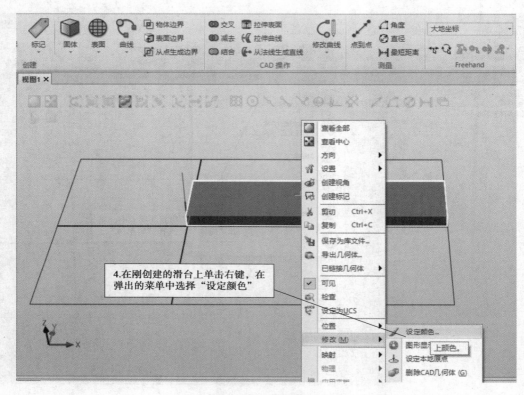

图 2-3-5　滑台模型颜色设置

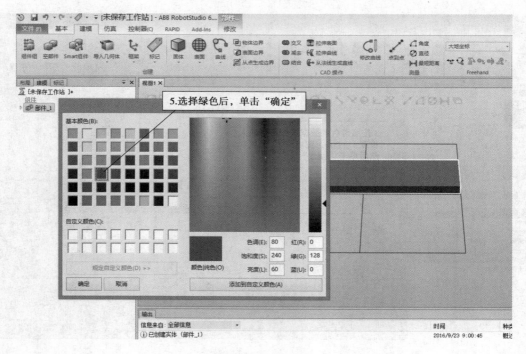

图 2-3-6　选择颜色

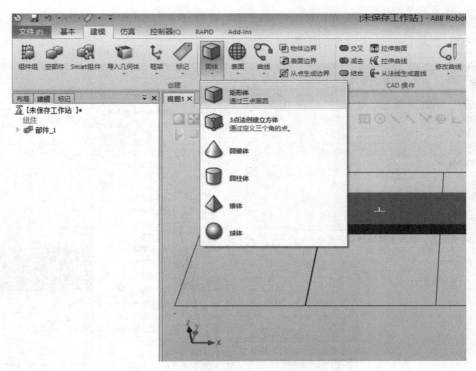

图 2-3-7　创建滑块

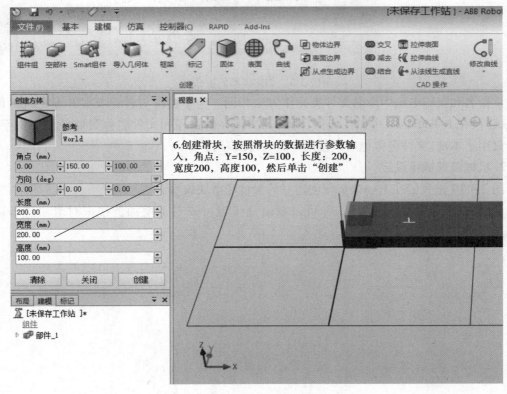

图 2-3-8　滑块模型参数设定

说明:角点设置 Y =150 加上滑块宽度的一般就是 250,刚好在滑台的中心位置;Z 轴方向设定为 100,滑块位置处于滑台的上表面。

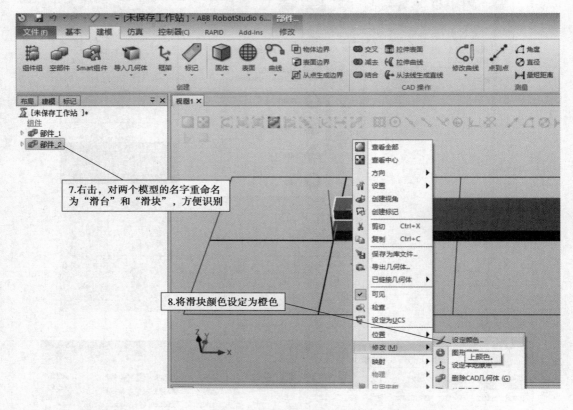

图 2-3-9   创建模型的重命名

重命名和我们电脑中命名文件夹操作方法相同。为了提高与各种版本 RobotStudio 的兼容性,建议在 RobotStudio 中做任何保存操作时,保存的路径和文件名称最好使用英文字符。如果只用于本地,文件名称也可以使用中文,方便识别。

2. 机械装置链接设定

图 2-3-10 是我们在上一个步骤创建好的滑台和滑块模型。

说明:在添加完滑台链接后,你可以双击链接也可以右击增加链接来对滑块进行链接设定。

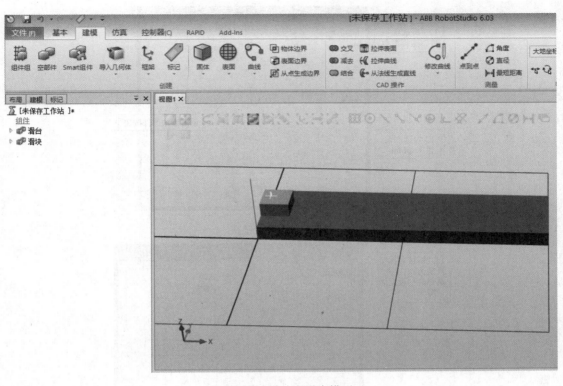

图 2-3-10　滑块和滑台模型

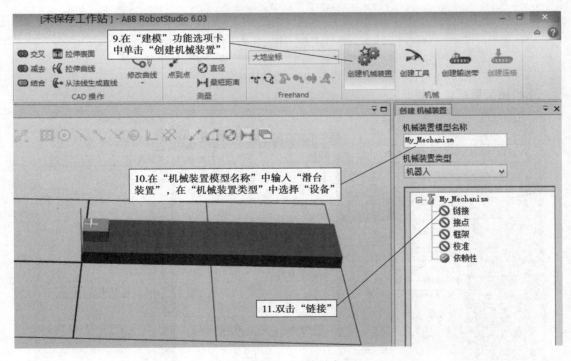

图 2-3-11　链接设定

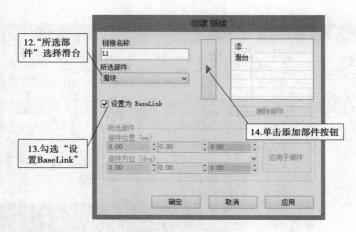

图 2-3-12　滑台链接

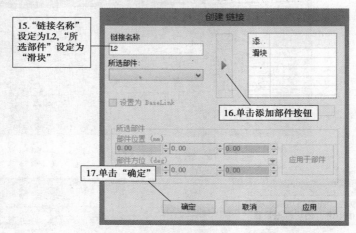

图 2-3-13　滑块链接

3. 机械装置接点设置

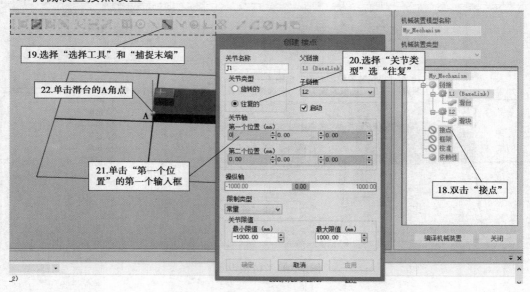

图 2-3-14　创建接点 1

说明:操作过程请根据数字的先后顺序进行。为了指明操作位置,操作步骤并非从上到下,操作过程请注意观察,否则会出现操作错误。

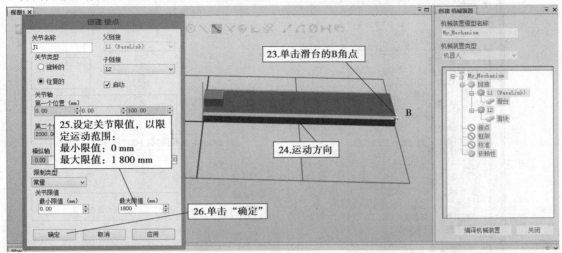

图 2-3-15 创建接点 2

说明:AB 为滑块在滑台上的运动方向,限定范围设置 0~1 800 mm,表示滑块在滑台上在0 到 1 800 mm 内可反复滑动。

4. 编译机械装置

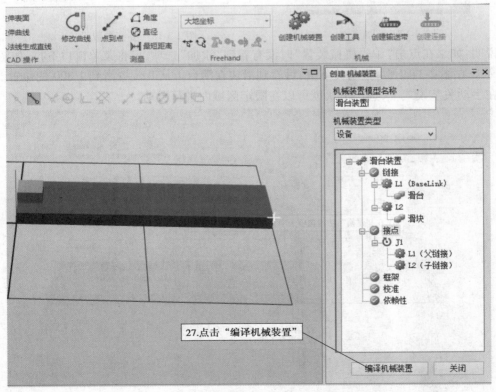

图 2-3-16 点击"编译机械装置"

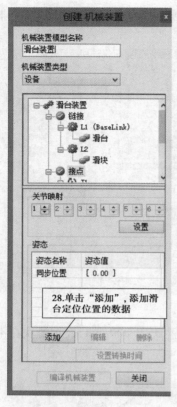

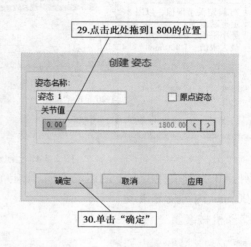

图 2-3-17　添加姿态　　　　　　　　　图 2-3-18　姿态参数设置

说明：如果在点击"编辑机械装置"时没有看到"添加"选项，可将菜单窗口下拉，如图 2-3-18 所示。在图 2-3-19 中，拖动关节值，可看到滑块在滑台上从 0 位置滑到 1 800 的位置。

在手动关节模式下，选中滑块就可以在限定区域内进行滑动。

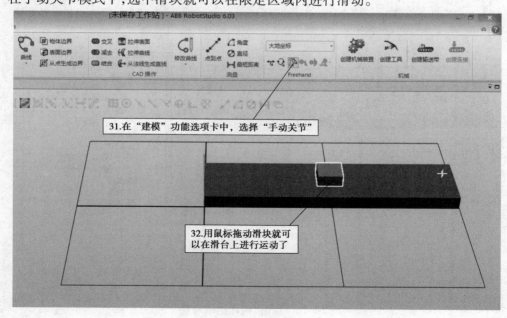

图 2-3-19　滑动效果操作

5. 完成机械装置创建并保存

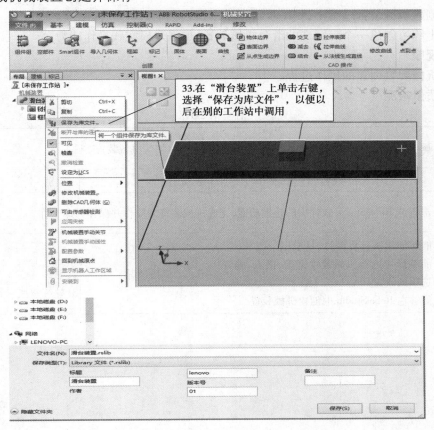

图 2-3-20 保存滑台装置模型

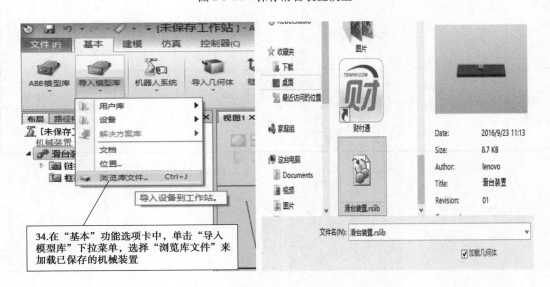

图 2-3-21 导入机械装置

课后思考及练习

1. 在创建机械装置过程中,哪些步骤容易出错或忘记?

2. 学生练习创建一个带圆珠的滑台机械装置,加强建模实践操作能力。

教学视频

滑台机械装置创建的操作过程。

教学质量检测

任务书 2-3

项目 名称	RobotStudio 中的建模功能			任务 名称	创建机械装置		
班级		姓名		学号		组别	
任务 内容	点击打开 RobotStudio 软件中的建模功能,完成机械装置的操作并保存为库文件。						
任务 目标	1. 能够创建滑台装置的 3D 模型 2. 能够操作进行机械装置链接、接点、编译等选项的设置 3. 能够在 RobotStudio 中创建机械装置			掌握情况		1. 了解 2. 熟悉 3. 熟练掌握	
任务 实施 总结							
教师 评价							

项目三

构建基本仿真工业机器人工作站

任务一　布局工业机器人基本工作站

任务描述

通过导入 ABB 机器人模型及加工对象并且学会合理布局工作站各对象的位置,最后完成基本仿真工业机器人工作站的创建的准备工作。

技能训练

完成机器人工作站的布局。

基本的工业机器人工作站包含工业机器人及工作对象。因此,我们在 RobotSstudio 仿真软件中建立一个工作站的过程中需要导入机器人模型以及建立加工对象模型。

1. 导入机器人模型

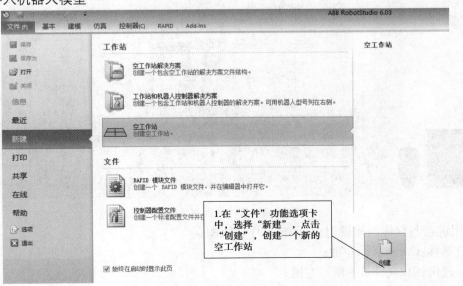

图 3-1-1　创建工作站

以我们实验实训室常见的 IRB120 机器人为模型导入工作站,进行机器人工作站的布局。

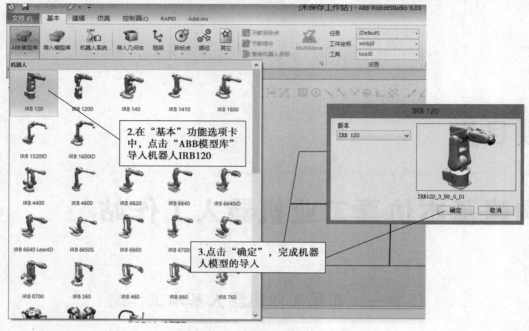

图 3-1-2　导入机器人模型 IRB120

在实际生产中,要根据生产任务选择不同的机器人型号、承重能力及到达距来确定,IRB120 机器人由于只有一个型号规格及承重能力,所以我们在导入的过程中直接选择默认的数据,点击"确定"即可。

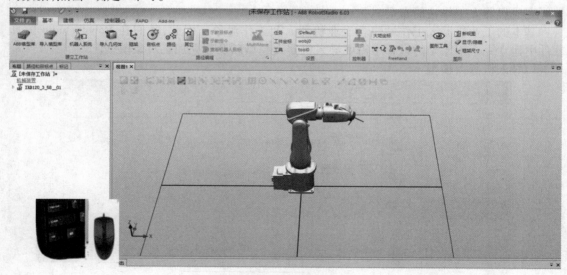

图 3-1-3　软件界面视角切换

使用键盘与鼠标的按键组合,调整工作站视图:

(1)平移:Ctrl + 鼠标左键;

(2)视角:Ctrl + Shift + 鼠标左键;

(3)缩放:滚动鼠标中间滚轮。

2. 加载机器人工具并安装

ABB RobotStudio 仿真软件本身包含大量的机器人模型以及加工工具等设备资源，我们可以根据需要选择进行导入。

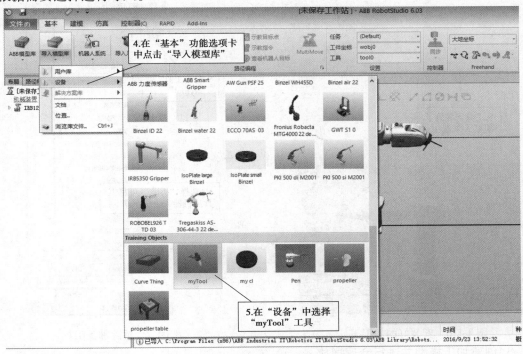

图 3-1-4 加载加工工具"myTool"

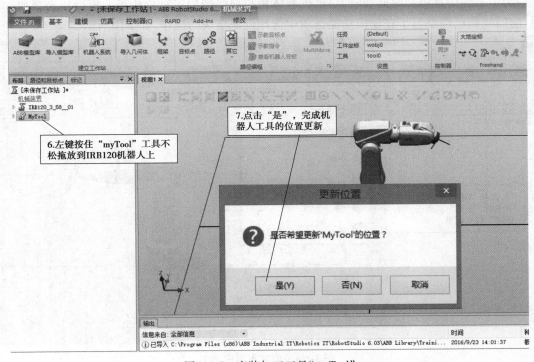

图 3-1-5 安装加工工具"myTool"

39

工具在拖放到机器人上时会出现一个位置更新的菜单,点击"是"对加载工具的位置进行了更新,即把工具安装到了机器人的法兰盘上。安装好的工具如下图所示:

图 3-1-6　安装好的加工工具

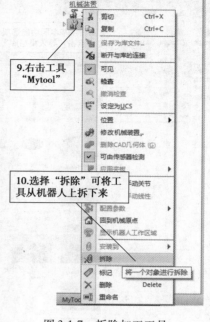

图 3-1-7　拆除加工工具

3. 创建加工模型并进行合理摆放

为了节约仿真模拟时间,我们自己创建体积与规格同加工对象相近的模型块来替代。说明:前面我们已经学习了在建模功能选项中选择创建模块的操作,如下图所示。

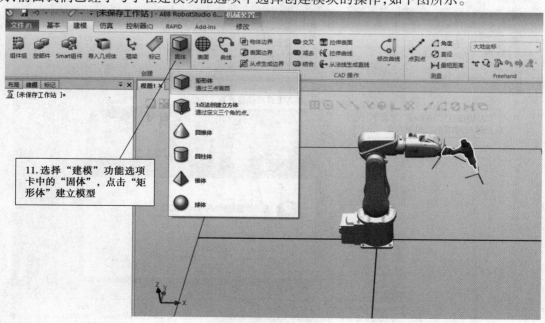

图 3-1-8　创建矩形模块 1

建立的矩形模块 1 的角点为(400, -100, 0)：模型在 X 轴的正方向上，中心点位于 X 轴上。长宽高分别为 250 mm、200 mm、200 mm。角点指矩形体图示 A 点位置。

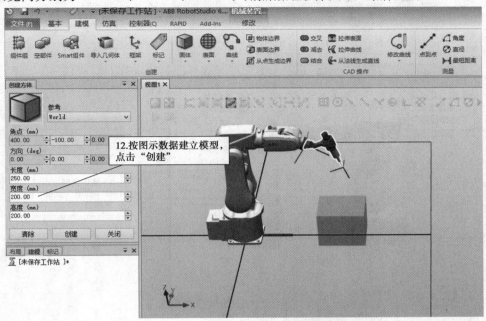

图 3-1-9　矩形模块相关参数的设置

按图示参数设置，再创建一个模型 2，角点和方向以及长宽高可任意设置。我们创建的模型 2 数据如下：角点(800, 100, 400)、方向(0, 30, 40)长宽高(250, 200, 100)，这样创建，是为了后续我们要学习如何摆放物块。

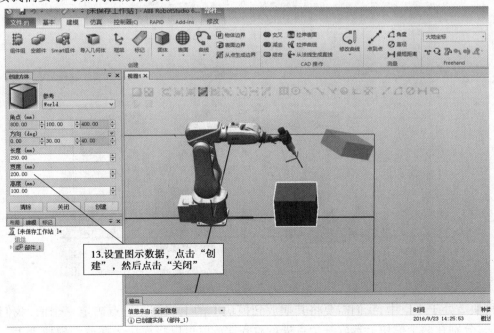

图 3-1-10　创建矩形模块 2

为了便于观察，我们对创建的模型 1 和模型 2 进行颜色设定。

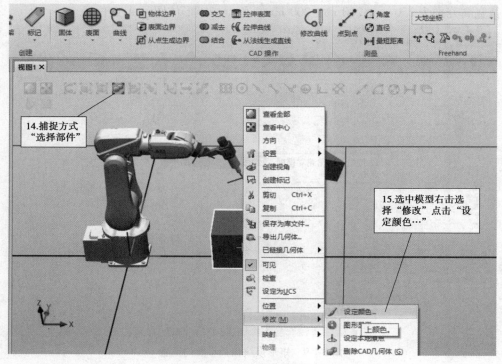

图 3-1-11　设定矩形模块颜色

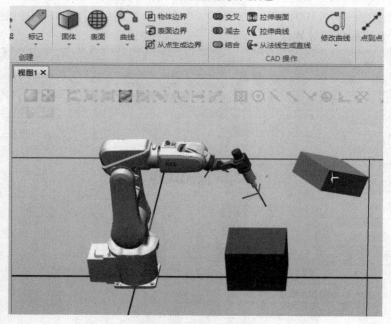

图 3-1-12　修改后的模块

　　模块 2 处于半空中，我们需要将其摆放到模块 1 的上表面。三点确定一个面，我们采用三点法，分别在两个模块上选取三个点进行对齐摆放就可以将模块 2 摆放到模块 1 上。具体操作方法如图 3-1-13，图 3-1-14 所示。

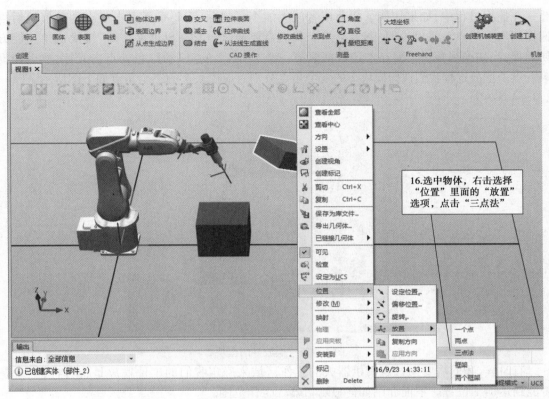

图 3-1-13　"三点法"位置放置

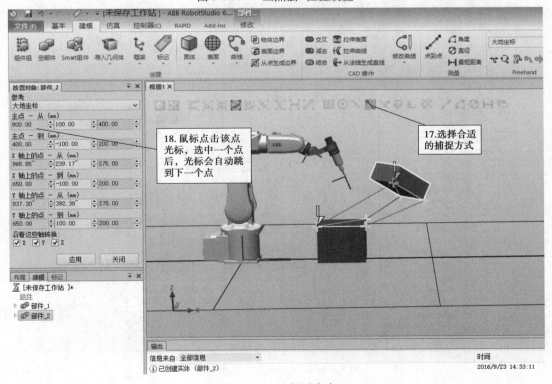

图 3-1-14　选择对应点

43

在捕捉过程中,如果切换了视角或者放大缩小了视图,需要重新点击该点的数值然后再捕捉图形上的点。举例说明:图上第五点我们需要通过"Ctrl + Shift + 左键"转换视角才能方便捕捉,当切换视角后需要在左边数据框第一个"Y 轴上的点"粉红色处点击光标,然后捕捉第五点。摆放过程我们选择模块 2 的三个角点分别对应模块 1 的三个角点如下图所示。(1→2,3→4,5→6)

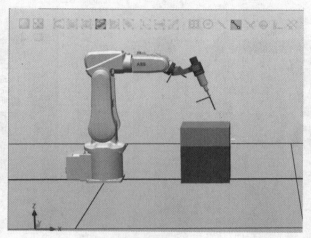

图 3-1-15　摆放好的模块 2

有时候,我们需要通过观察机器人的工作区域来确定我们的工件摆放是否合理,工具是否能到达加工位置。下面介绍如何显示机器人工作范围。

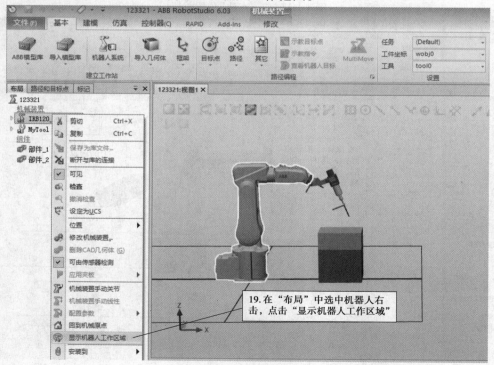

图 3-1-16　查看机器人工作范围

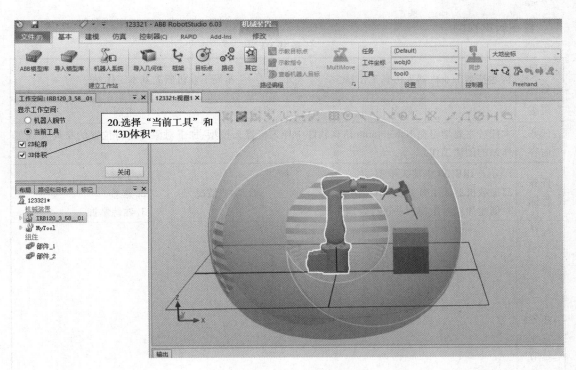

图 3-1-17 显示机器人工作范围

图片显示了工业机器人在当前工具所能到达的范围,我们所创建的矩形体模型在机器人加工范围内,处于合理摆放位置。当我们需要取消工作范围显示时,右击 IRB120 机器人,再次点击"显示机器人工作区域"即可。

课后思考及练习

1. 工业机器人工作站包含哪些基本内容?

2. 操作过程中我们要如何正确合理地摆放加工对象与机器人的相对位置?

3. 学生应能单独完成基本工作站中机器人模型的导入与工件的合理布置操作练习。

教学视频

RobotStudio 基本工作站机器人模型与加工对象加载以及合理布局。

教学质量检测

任务书 3-1

项目名称	构建基本工业机器人仿真工作站			任务名称	布局工业机器人基本工作站		
班级		姓名		学号		组别	
任务内容	本任务主要学习在 RobotStudio 仿真软件中导入机器人模型、加工对象并进行位置的布局完成工作站的创建工作。						
任务目标	1. 导入 IRB120 机器人模型 2. 加载机器人工具并安装 3. 创建加工对象模型并进行合理布局			掌握情况		1. 了解 2. 熟悉 3. 熟练掌握	
任务实施总结							
教师评价							

任务二　机器人工作站系统的生成并进行手动操纵

任务描述

在前一个任务的基础上完成机器人工作站的系统生成,在此基础上我们将学习机器人移动、旋转、手动关节、手动线性、重定位等仿真手动操作的相关内容。

技能训练

在 RobotStudio 仿真软件中生成机器人工作站系统并对机器人进行手动操纵。根据上一个任务中我们已经完成了机器人模型、加工对象的创建及摆放的工作站,我们将进行机器人工作站系统的生成,并进行机器人的仿真手动操纵操作步骤,具体过程如下:

1. 生成机器人系统

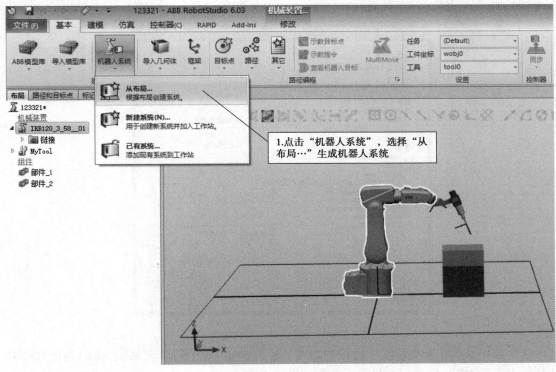

图 3-2-1 "从布局"生成机器人系统

我们选择"从布局…"生成机器人工作站系统是指基于当前的布局:IRB120 机器人、加载工具"Mytool"、所创建的模块 1、模块 2,所生成的工作站。

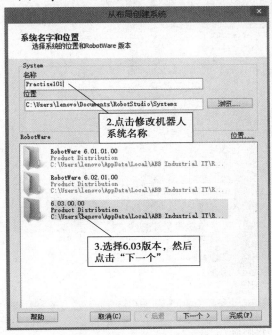

图 3-2-2 修改机器人系统名称图

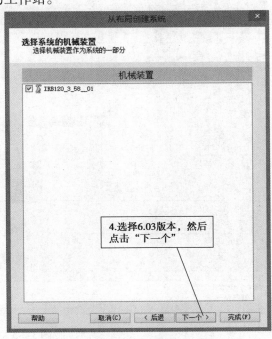

图 3-2-3 机器人系统机械装置

如果你只安装了一个版本，在图 3-2-2 中就可以直接点击"下一个"；图 3-2-3 显示了机械装置：IRB120，负载 3 kg 的工业机器人。

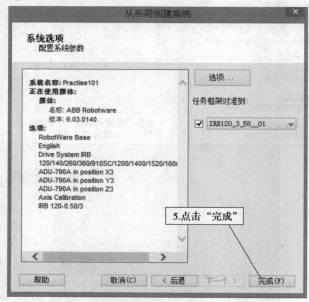

图 3-2-4　完成机器人系统的生成

这个菜单显示了前面所操作选择的版本、选项内容。对于初学者来说，我们直接选择默认然后点击"完成"，完成创建机器人工作站参数设定。

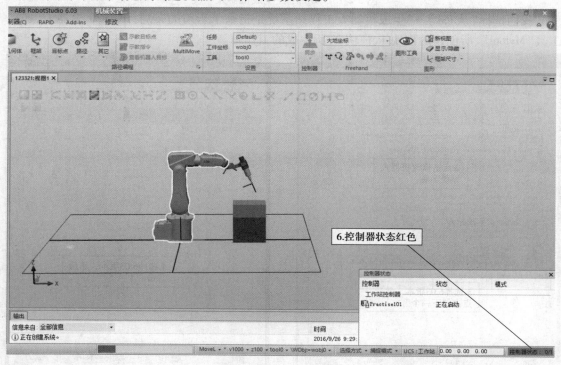

图 3-2-5　启动控制器

在创建过程中,控制器状态显示红色,中间的绿色条会滚动,显示工作站正在创建。

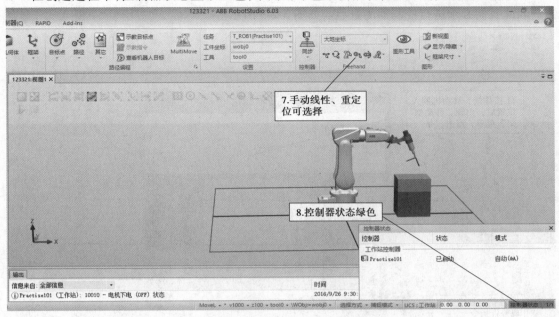

图 3-2-6　完成工作站创建

在完成工作站创建后,控制器状态条显示绿色(自动模式),这时候在"Freehand"选项中除了原来的"移动""旋转""关节"运动,还可以进行"手动线性""手动重定位"等操作模式的选择。这也是接下来我们要学习的操作知识与技能:机器人手动操作。

2. 机器人的"移动"操作

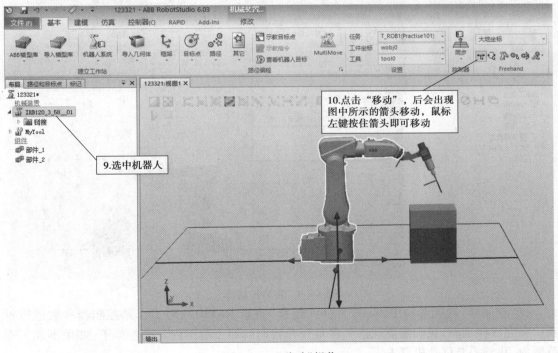

图 3-2-7　"移动"操作

49

从图 3-2-8 可以看出,我们可以移动工业机器人,但是信息栏提示我们必须重新启动控制器。因此我们必须进行控制器的重启。如图 3-2-9 所示。

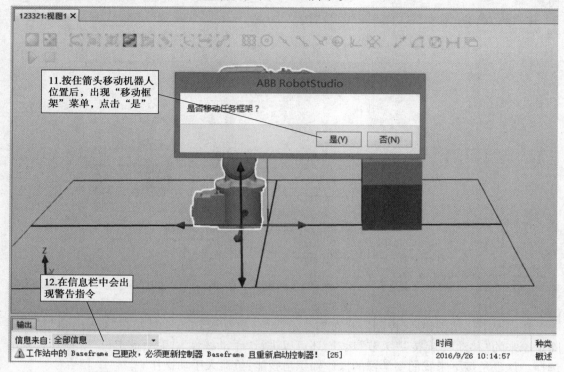

图 3-2-8　移动机器人

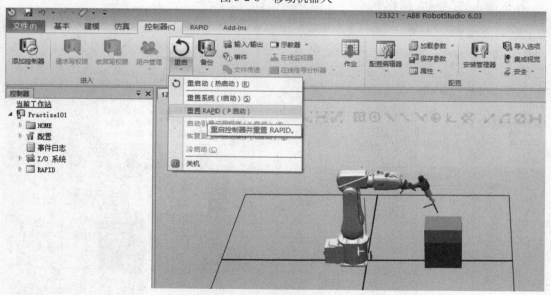

图 3-2-9　重启控制器

在"控制器"功能选项中,点击"重启"选择"重启 RAPID",对工作站控制器参数进行更新。在完成移动后,我们需要观察工件是否在我们的加工范围内。操作如下,如果不在工作范围内,我们需要移动机器人。

50

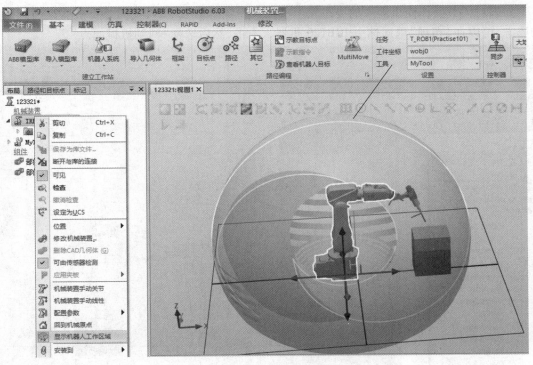

图 3-2-10　再次查看机器人工作区域

3. 机器人的关节运动

旋转和移动类似,这里就不再讲述,接下来主要了解机器人的"手动关节"运动模式的操作。

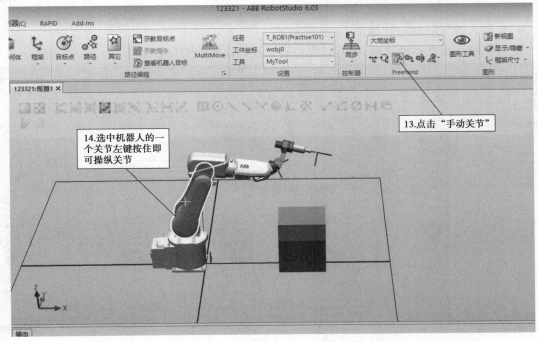

图 3-2-11　机器人的关节运动

51

如果对关节操作使机器人的姿态发生了很大改变（图3-2-12），我们想要机器人回到原来的姿态，可以在"布局"里面选中IRB120机器人右击，然后选择"回到机械原点"。

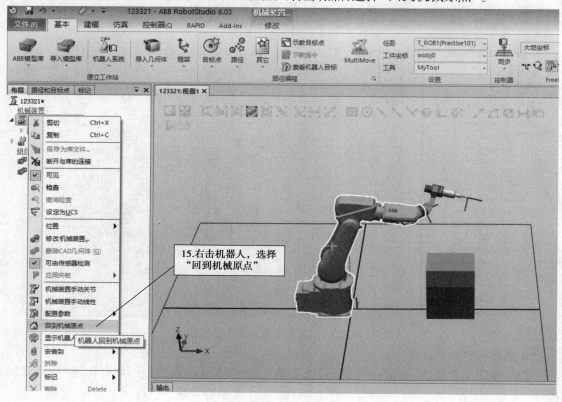

图3-2-12　回到机械原点

4.机器人的"手动线性"运动

进行机器人线性运动之前，我们首先得确认我们选择的工具数据。

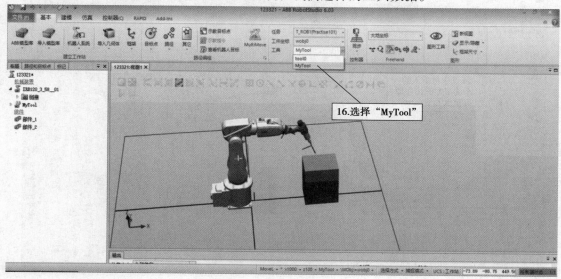

图3-2-13　工作站选择工具

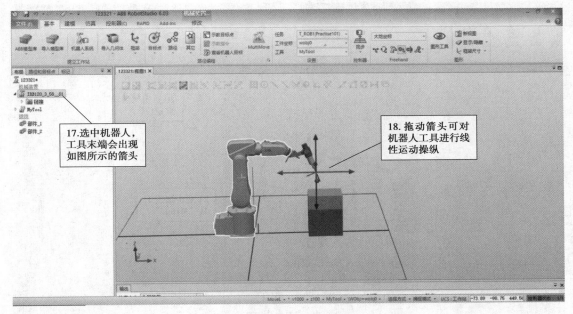

图 3-2-14　选择"线性运动"模式

17.选中机器人，工具末端会出现如图所示的箭头

18.拖动箭头可对机器人工具进行线性运动操纵

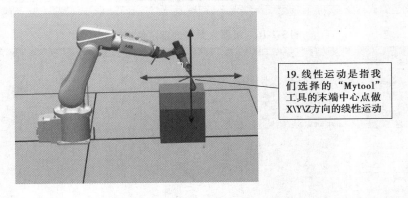

19.线性运动是指我们选择的"Mytool"工具的末端中心点做X\Y\Z方向的线性运动

图 3-2-15　线性运动

5.机器人的重定位运动

同线性运动操作一样,点击"手动重定位",再点击机器人法兰盘上的工具,如图 3-2-16 所示。移动图示箭头可对机器人加工工具绕目前所在点做重定位运动。

图中箭头表示加工工具 Mytool 绕端部中心点做重定位运动。

6.机器人的机械装置参数设置

(1)机械装置手动关节设置

图 3-2-18 显示了我们在"线性运动""重定位运动"模式中操作机器人改变了它的关节参数,同样,我们也可以在这个数据表里直接拖动滑块对关节参数进行设置。我们将除 5 轴以外的五个关节的参数都设置为"0",将 5 轴关节设置成30°。如图 3-2-19 所示,我们也可以和"回到机械原点"进行对比。

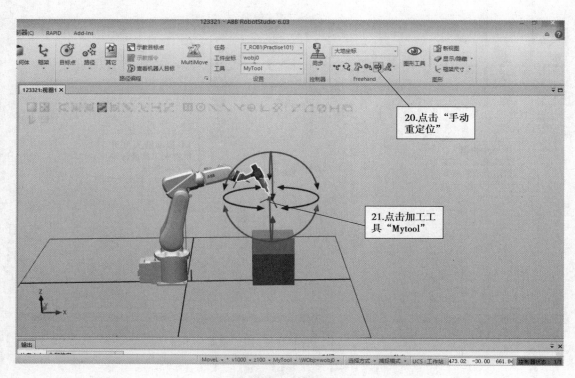

图 3-2-16　机器人系统的重定位运动

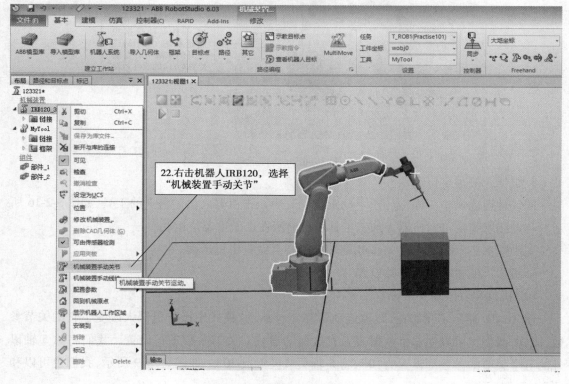

图 3-2-17　机械装置手动关节

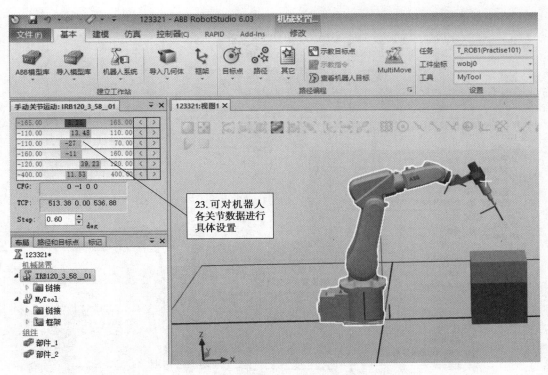

图 3-2-18　机械装置手动关节操作

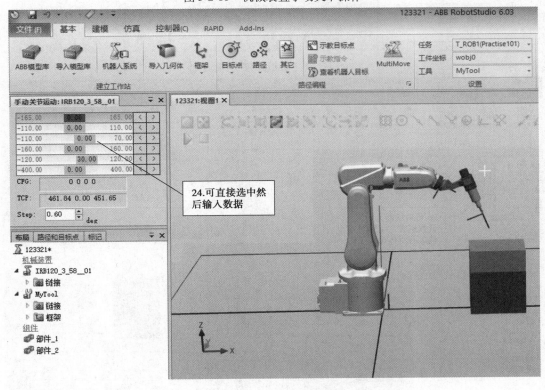

图 3-2-19　关节参数的设定

（2）机械装置手动线性

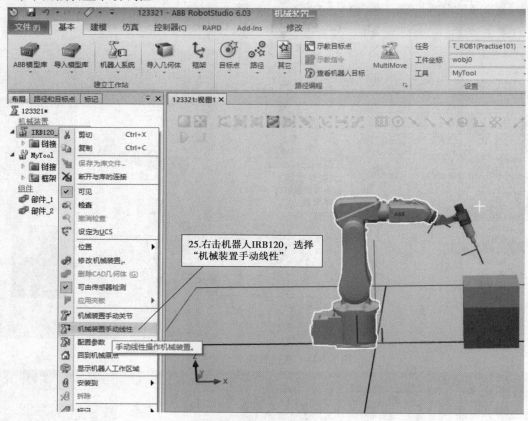

图 3-2-20　机械装置手动线性

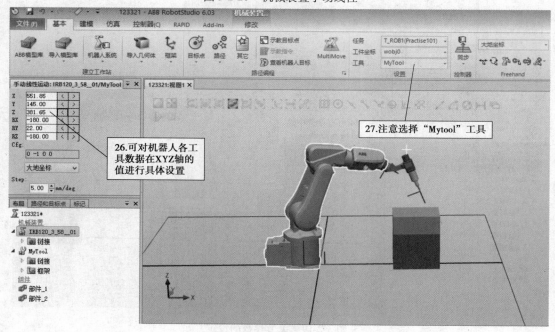

图 3-2-21　机械装置手动线性操作

操作过程,注意观察机械装置的 X\Y\Z 方向运动的中心点,和"手动线性"运动模式进行比较。

课后思考及练习

1. 生成机器人系统有哪些选项要合理填写?

2. 手动操作机器人包括哪些运动?

3. 课后单独完成机器人系统生成以及手动操作的相关内容练习。

教学视频

机器人系统的生成及手动操作。

教学质量检测

任务书 3-2

项目 名称	构建基本仿真工业机器人工作站		任务 名称	机器人工作站系统的生成并进行手动操纵		
班级		姓名		学号		组别	
任务 内容	本次任务的操作内容包含机器人工作站的系统生成、机器人的框架移动、旋转、手动关节、手动线性、重定位运动等仿真手动操作。					
任务 目标	1. 机器人的工作站系统生成 2. 机器人的手动操作		掌握情况	1. 了解 2. 熟悉 3. 熟练掌握		
任务 实施 总结						
教师 评价						

任务三　创建运行轨迹程序并仿真运行

任务描述

在建立好的工业机器人工作站中通过创建工件坐标以及捕捉目标点创建示教指令创建一段运行轨迹,在通过参数配置以及同步到 RAPID 等操作完成轨迹的程序数据建立,在仿真功能选项卡中进行轨迹运行播放及视频录制。

技能训练

1. 创建加工对象工件坐标

工件坐标对应工件,它定义工件相对于大地坐标(或其他坐标)的位置。对机器人进行编程时就是在工件坐标中创建目标和路径。工件坐标编程具有以下特点:

(1)重新定位工作站中的工件时,只需要更改工件坐标的位置,所有路径将立即随之更新;

(2)允许操作以外轴或传送导轨移动的工件,因为整个工件可连同其路径一起移动。

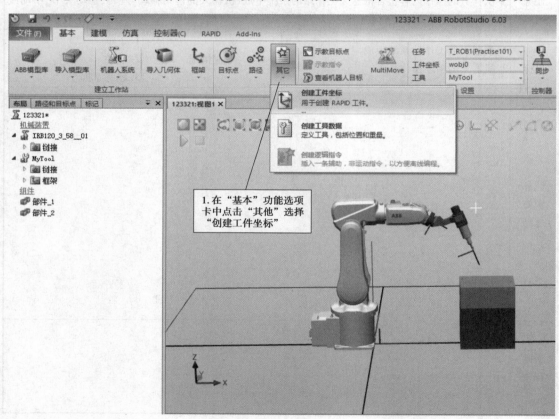

图 3-3-1　创建工件坐标

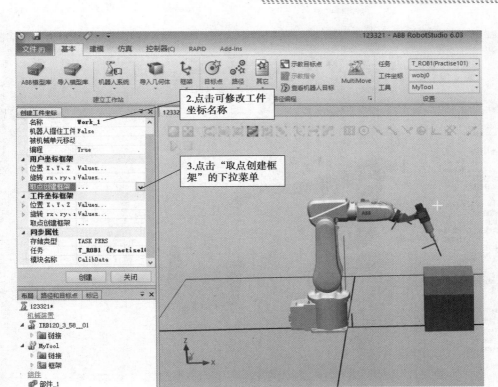

图 3-3-2　定义工件坐标名称

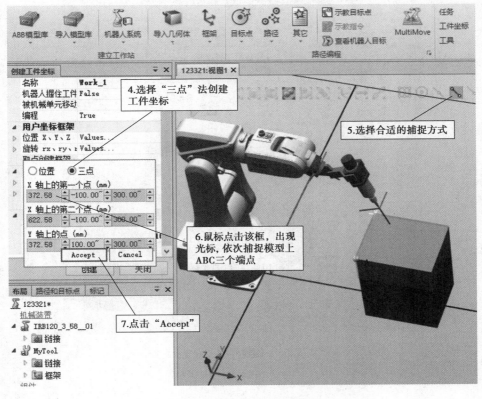

图 3-3-3　设置工件坐标参数

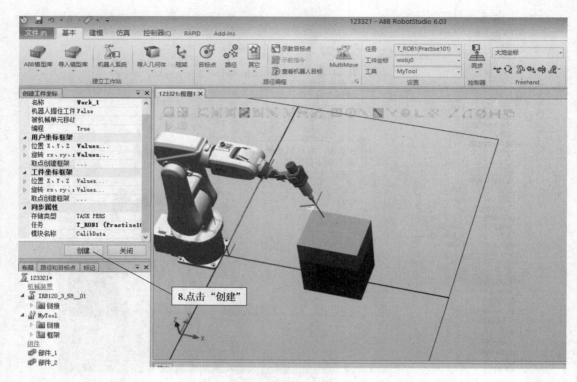

图 3-3-4　点击"创建"

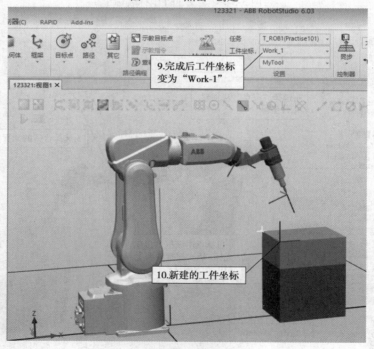

图 3-3-5　创建好的工件坐标

2. 生成轨迹运行路径

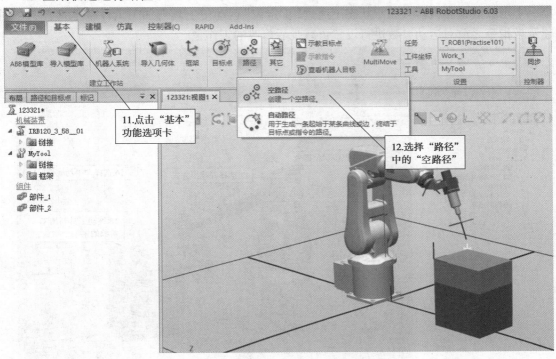

图 3-3-6 创建空路径

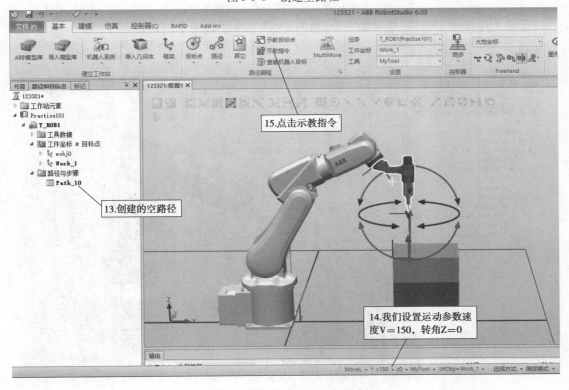

图 3-3-7 创建第一个示教指令

我们将机器人的工作原点设置为第一个示教指令起点。这里需要说明的是,我们选择的第一个示教点是在机器人原点状态下通过"重定位"运动使工具与加工工件基本垂直。在创建示教指令之前对运动参数进行设置可减少后修改的工作量。

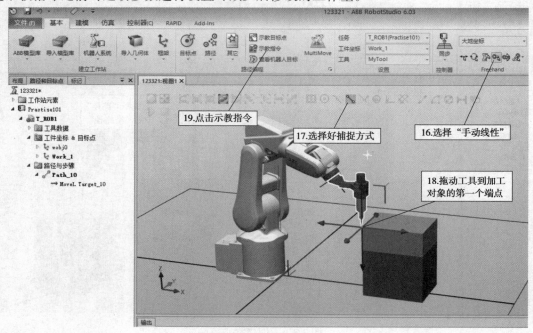

图 3-3-8　创建第二个示教指令

重复上述操作步骤,完成对第三个、第四个、第五个示教指令的创建。

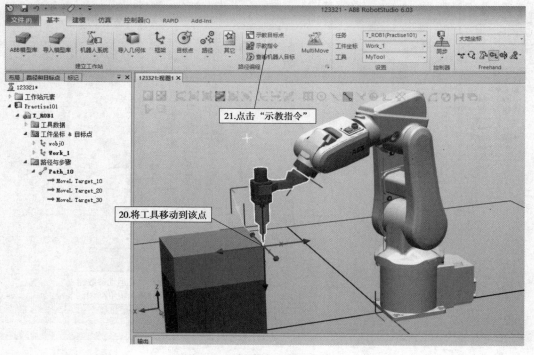

图 3-3-9　创建第三个示教指令

　　由于之前我们向 X 的负方向移动了工业机器人,导致在垂直状态下工业机器人工具不能到达模块的角点,如图 3-3-10 所示。我们之前在查看机器人工作站范围的时候,模块是在工作范围之内的。这时候我们就要改变工件的姿态,通过重定位使工具以倾斜的姿态达到第四个示教点,如图 3-3-11 所示。

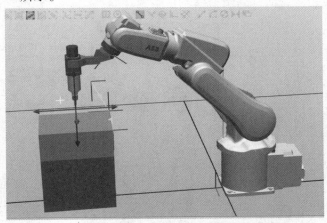

图 3-3-10　到达极限

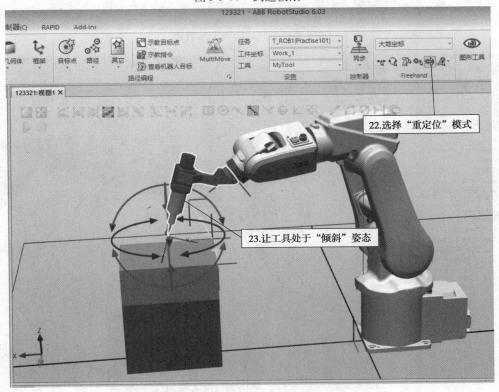

图 3-3-11　调整工具姿态

　　选择垂直能让工具更加平滑的到达示教点,减少奇点出现的概率,但如果机器人在垂直状态下不能到达该示教目标点的时候,我们可以考虑改变机器人的工具姿态,然后选择"线性运动"模式让机器人达到该加工点,如图 3-3-12 所示。

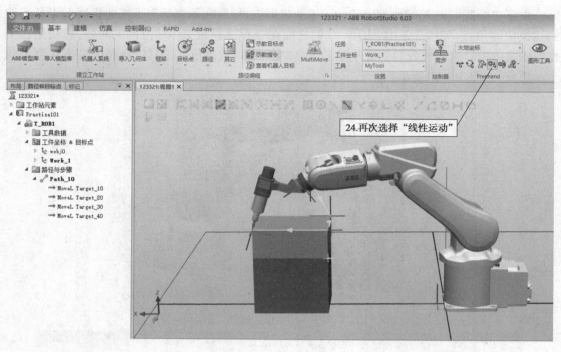

图 3-3-12　到达第四个示教点

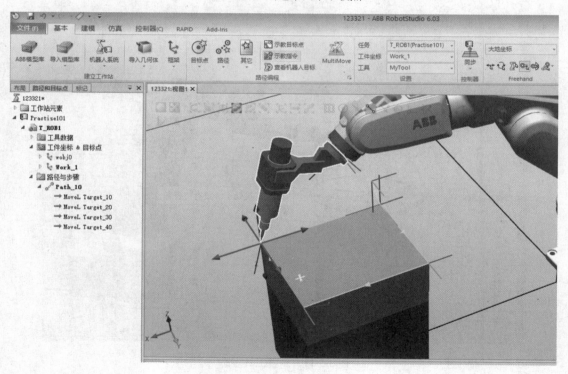

图 3-3-13　到达第五个示教点

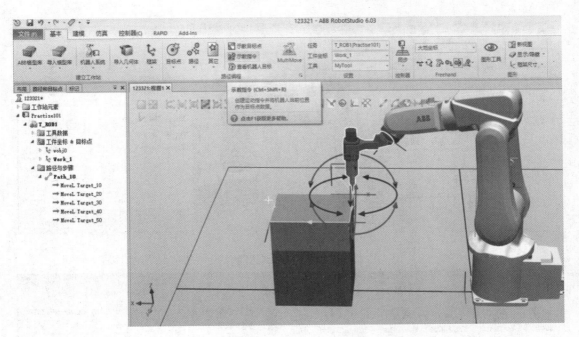

图 3-3-14　到达第六个示教点

在到达第六个示教点之后我们再次利用"重定位"运动将工具姿态调成垂直,点击"示教指令"完成第七个示教点的创建。然后右击工业机器人 IRB120,选择"回到机械原点"再次点击示教指令。

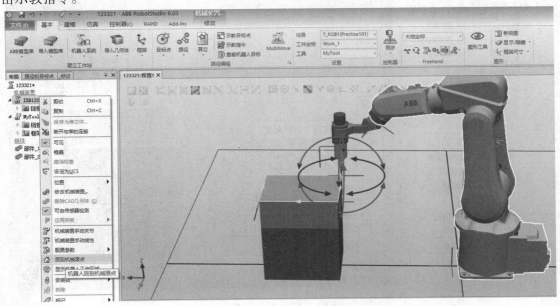

图 3-3-15　选择"回到机械原点"

检查到达能力,能显示机器人工具能否到达各示教位置,图 3-3-16 显示可各示教点位置都能到达。

同样的操作方法,右击工业机器人 IRB120,单击"配置参数",选择"自动配置"。

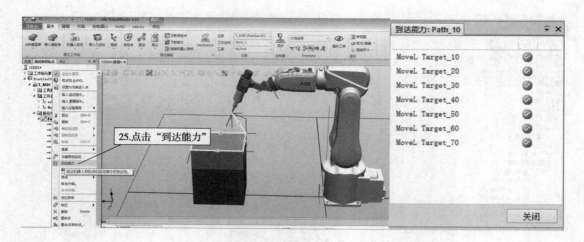

图 3-3-16　检查"到达能力"

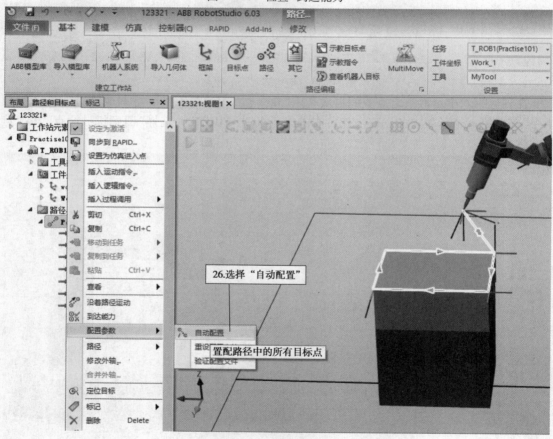

图 3-3-17　配置参数

选择 IRB 工业机器人右击选择"沿着路径运动",观察这些示教点所构成的运动路径能否顺利运行。

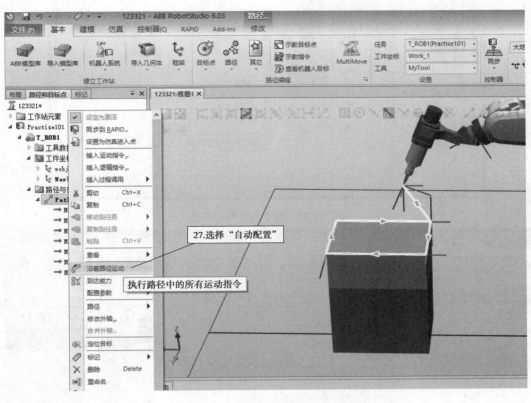

图 3-3-18　沿着路径运动

3. 仿真设定及播放

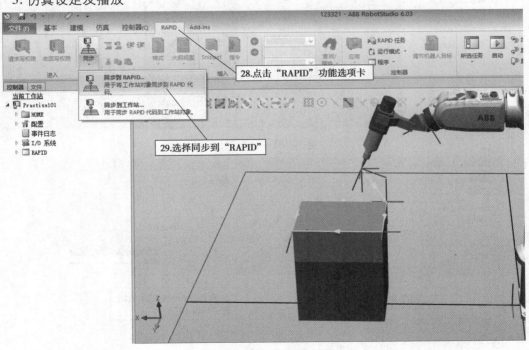

图 3-3-19　示教程序同步

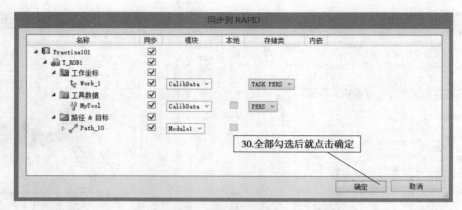

图 3-3-20　同步参数内容选项

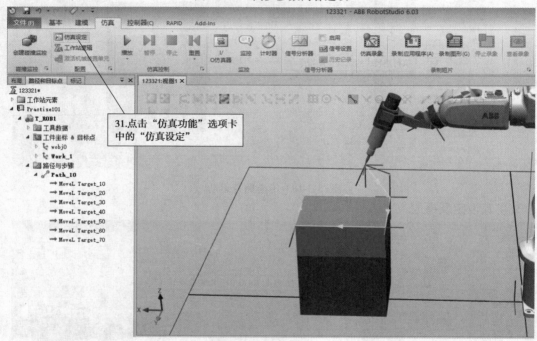

图 3-3-21　仿真设定

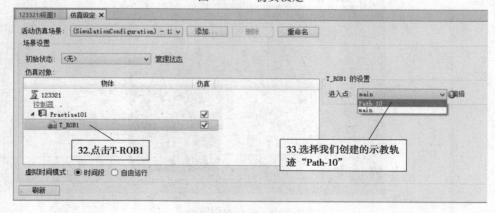

图 3-3-22　选择示教轨迹

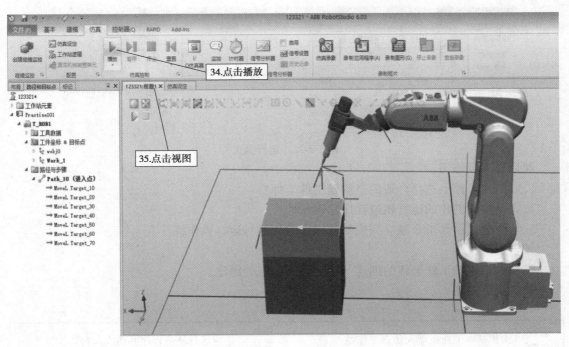

图 3-3-23　仿真播放

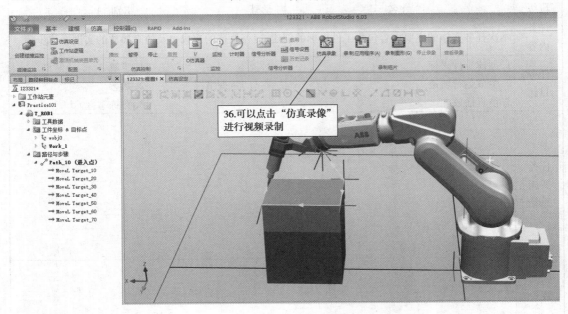

图 3-3-24　仿真录像

　　在仿真设定中,可以点击工作站名称 Practise10,在右侧进行运行模式的设置,其中默认的是"单个周期",我们可以选择"连续"让机器人沿着示教轨迹做循环运动。

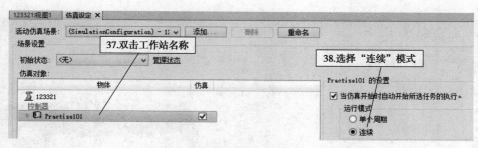

图 3-3-25　运行模式

课后思考及练习

1. 如何在工件上选择合适的点创建工件坐标？
2. 如何检测创建的运行轨迹程序是否正确？
3. 学生通过示教指令独立完成轨迹程序的创建与运行操作练习。

教学视频

机器人工作站工件坐标的创建与轨迹运行程序的创建。

教学质量检测

任务书 3-3

项目名称	构建基本工业机器人仿真工作站		任务名称	创建运行轨迹程序并仿真运行	
班级		姓名	学号		组别	
任务内容	本次任务实施的主要内容包含工件坐标的创建、运行轨迹的生成以及仿真播放的实训操作步骤。				
任务目标	1. 创建工件坐标 2. 生成运行轨迹 3. 仿真播放		掌握情况	1. 了解 2. 熟悉 3. 熟练掌握	
任务实施总结					
教师评价					

任务四　创建机器人用工具

任务描述

我们需要在搬运、焊接、切割等实践生产中使用特定的加工工具,如何让这些加工工具具有本地原点与工件坐标是这一个任务操作的主要内容。我们将以创建一个机器人用焊枪工具为实例进行任务练习。

技能训练

将焊枪设置为机器人用的工具的操作步骤。

在构建工业机器人工作站时,机器人法兰盘末端会安装用户自定义的工具,我们希望的是自己设计的加工工具(比如焊枪、抓手、喷枪等)能够像 RobotStudio 模型库中的工具一样,安装时能够自动安装到机器人法兰盘末端并保证坐标方向一致,并且能够在工具的末端自动生成工具坐标系,从而避免工具方面的仿真误差。在本任务中,我们就学习一下如何将导入的 3D 工具模型创建成具有机器人工作站特性的工具(Tool)。

我们通常所用的 3D 软件有 Pro/E、SolidWorks、UG、CATIA 等等,在这些 3D 软件中设计的工具模型需要通过导入 RobotStudio,设定本地原点,设定工具坐标系、创建工具等步骤才能使其具备工具的功能。图 3-4-1 是一张利用 Solidworks 软件绘制的机器人抓取工具模型。如何将它变成我们想要的加工工具就是接下来要学习的内容。

图 3-4-1　抓取工具

1. 导入机器人模型并创建工作站

建立工作站已经在前面的章节介绍了,这里就不再重复操作,直接导入工业机器人创建工作站系统,如图 3-4-2 所示。

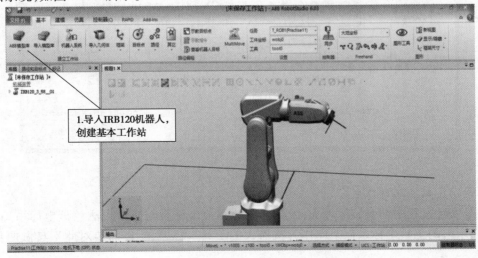

图 3-4-2　创建工作站

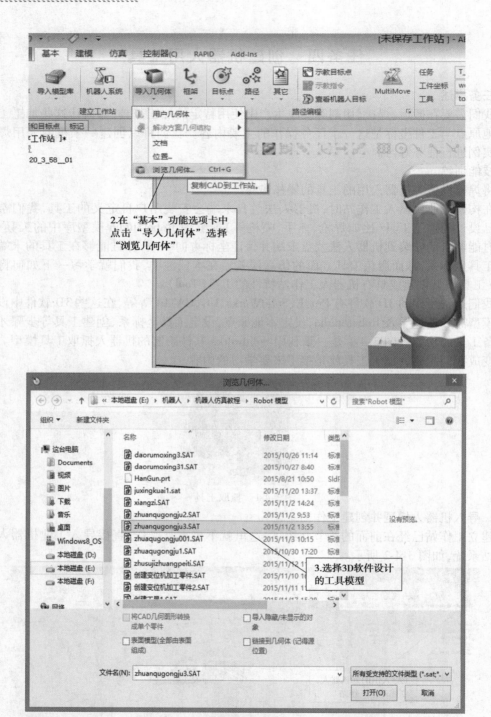

图 3-4-3　导入 3D 模型

2. 设定工具的本地原点

　　工具安装过程中的安装原理为:工具模型的本地坐标系与机器人法兰盘坐标系 Tool0 重合,工具末端的工具坐标系框架即作为机器人的工具坐标系,所以需要对此工具做两步图形

72

处理。首先在工具法兰盘端创建本地坐标框架,之后在工具末端创建工具坐标系框架。这样自建的工具就有了跟系统库里默认的工具同样的属性了。

首先来放置一下工具模型的位置,使其法兰盘所在面与大地坐标系正交,以便于处理坐标系的方向。

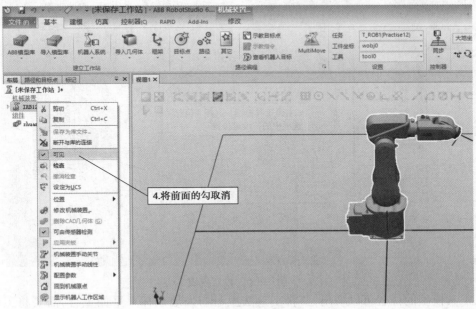

图 3-4-4　隐藏机器人本体

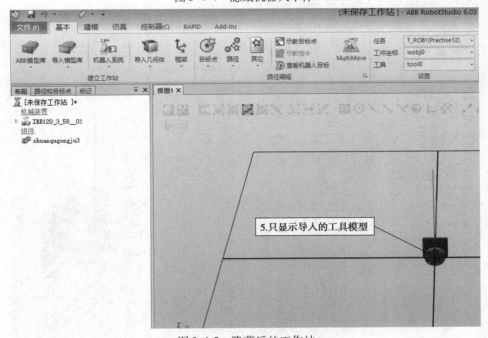

图 3-4-5　隐藏后的工作站

在设定工具本地原点之前首先要将工具模型摆放到合理的位置。一般,我们将所要安装的法兰盘表面与大地坐标的水平面重合,如图 3-4-6 所示。

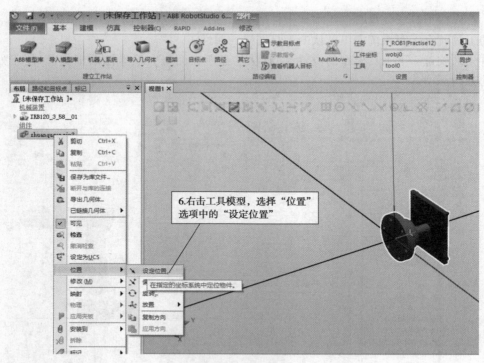

图 3-4-6　设定位置

　　从工具模型的位置可以看出,要将工具法兰盘与大地坐标水平面重合,需要将工件绕 X 轴旋转 90°,因此在方向一栏中输入 90。

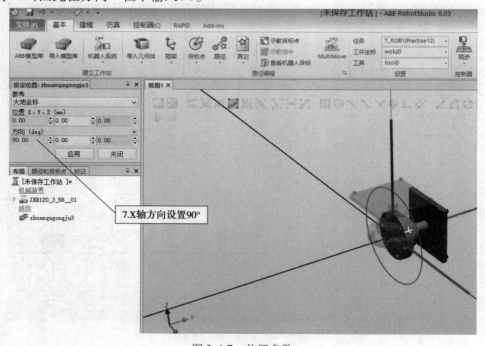

图 3-4-7　位置参数

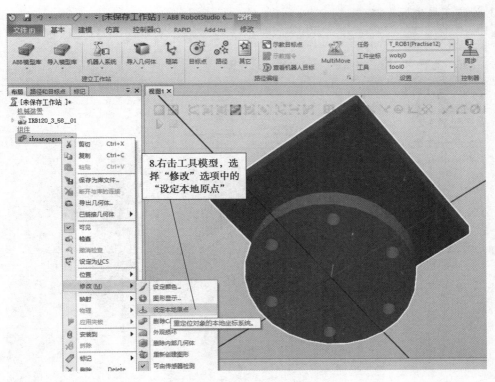

图 3-4-8　设定本地原点

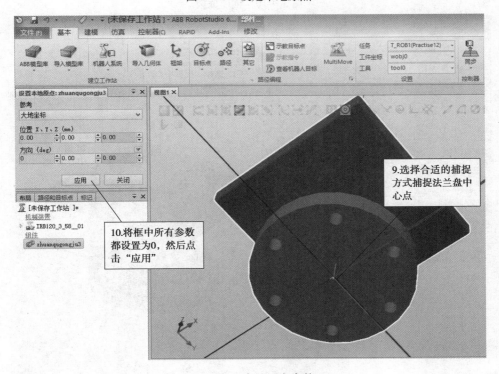

图 3-4-9　本地原点参数

3. 设定工具坐标

图 3-4-10　创建框架

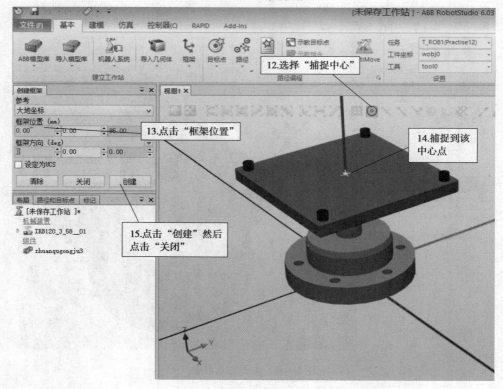

图 3-4-11　捕捉框架位置

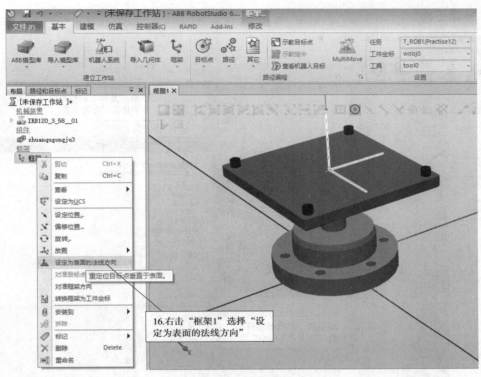

图 3-4-12　设定表面法线

　　表面上的投影点偏离设置成 6 mm，是因为吸盘的高度是 6 mm，所以 TCP 点在原来上表面的正上方 6 mm 处。实际操作可根据实际情况设定。

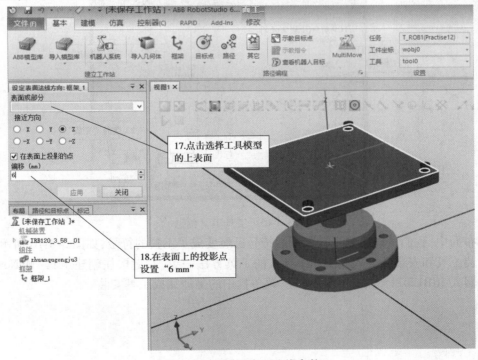

图 3-4-13　设置表面法线参数

4. 创建工具

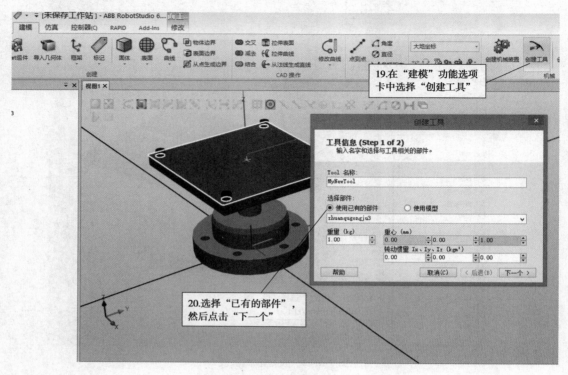

图 3-4-14 选择"创建工具"选项

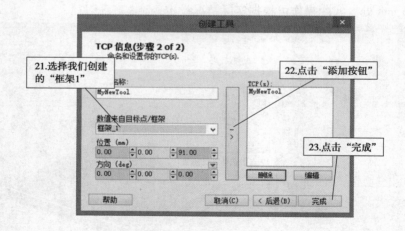

图 3-4-15 工具 TCP 信息

在布局中,我们可以看到工具模型的符号已经变成了工具的符号,如图 3-4-16 所示。

安装工具和安装从导入模型库中导入的工具方法一致,左键按住创建工具"MyNewTool"拖到机器人 IRB120 上,点击"更新位置"菜单栏中的是即完成工具安装。

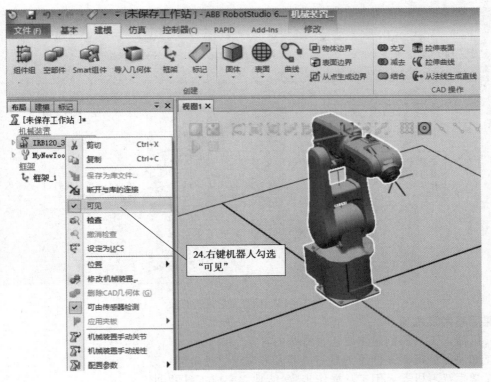

图 3-4-16　显示机器人本体

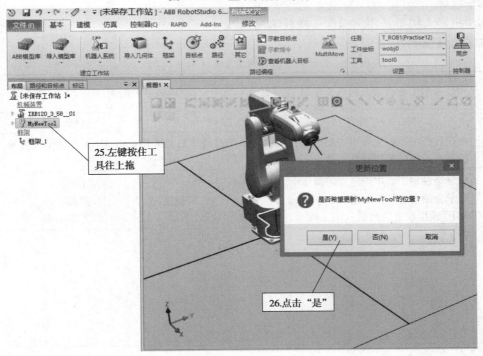

图 3-4-17　安装工具

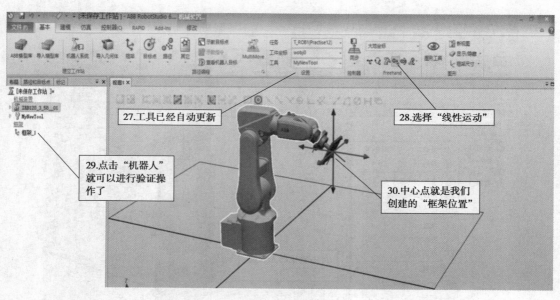

图 3-4-18　检查工具是否有效

课后思考及练习

1. 机器人工具的创建主要包含哪些内容？

2. 如何保证机器人创建工具与机器人末端法兰盘坐标一致？

3. 学生练习机器人用工具操作步骤，能独立完成工具的创建。

教学视频

创建机器人用工具实例操作步骤教学视频。

教学质量检测

任务书 3-4

项目名称	构建基本工业机器人仿真工作站		任务名称	创建机器人用工具	
班级		姓名	学号		组别	
任务内容	本次任务学习的主要内容是将我们在仿真模拟过程中进场要用到的 3D 工具模型设置成为我们机器人系统里要用到的工具。				
任务目标	1. 学会设定工具本地原点的操作 2. 学会创建工件坐标系框架 3. 3D 模型设置为机器人用工具		掌握情况	1. 了解 2. 熟悉 3. 熟练掌握	
任务实施总结					
教师评价					

项目四

机器人离线轨迹编程

任务一　创建机器人离线轨迹曲线及路径

任务描述

本次任务将根据我们需要加工的物品的 3D 模型曲线特征,利用 RobotStudio 自动生成路径功能自动生成机器人加工运行轨迹及(图 4-1-1)程序。

技能训练

加工运行轨迹的生成的操作步骤。

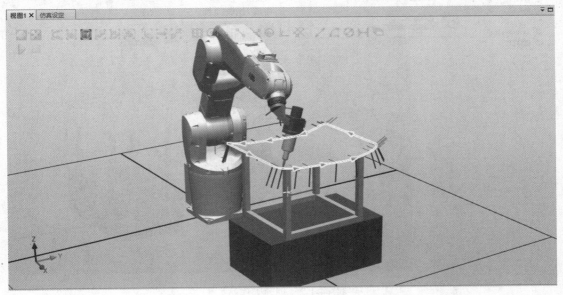

图 4-1-1　自动轨迹效果图

在工业机器人轨迹应用过程中,如切割、涂胶、焊接等,常会需要处理一些不规则曲线,通常的做法是采用描点法,即根据工艺精度要求去示教相应数量的目标点,从而生成机器人的轨迹。此种方法费时、费力且不容易保证轨迹精度。图形化编程即根据 3D 模型的曲线特征自动转化成机器人的运行轨迹。此种方法省时、省力且容易保证轨迹精度。本次任务将根据我们需要加工的物品的 3D 模型曲线特征,利用 RobotStudio 自动生成路径功能自动生成机器人加工运行轨迹及程序。

1. 创建机器人加工工作站

根据切割加工内容以及前面章节所学习的内容创建仿真工作站。

(1) ABB 机器人模型库导入机器人。

(2) 导入设备所需要的加工工具。

(3) "导入几何体"所要加工工件的 3D 模型。

(4) 调整好工件的摆放位置,使工具能够合理到达加工的位置。

(5) 选择所需要的参数,生成机器人系统,完成工作站的建立。

根据前面章节所学知识,我们通过导入工业机器人 IRB120、加载工具、创建模块、导入几何体(加工工件)然后通过合理的摆放,创建如图所示的工作站。点击"从布局…"生成工作站系统,启动控制器,如图 4-1-2 所示。

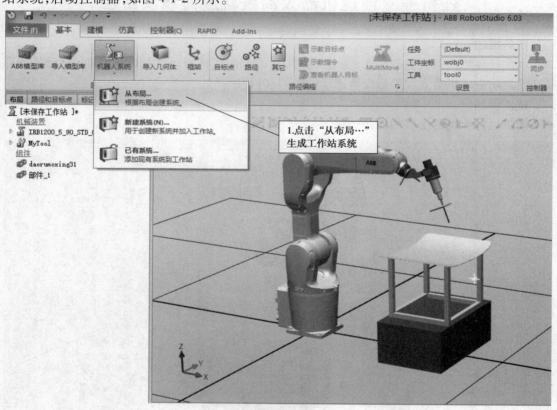

图 4-1-2　创建工作站

2. 运行轨迹曲线的生成

需要对 3D 模型的边缘曲线轨迹进行选定生成切割加工曲线。在"建模"功能选项卡中单击"表面边界",如图 4-1-3 所示。

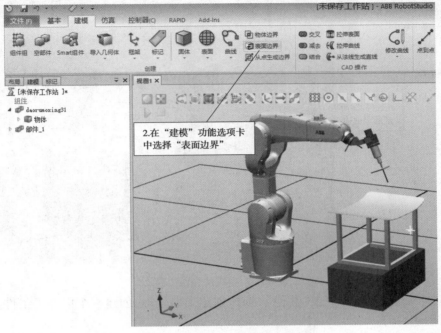

图 4-1-3　选择"表面边界"选项

点击表面边界会自动捕捉物体边缘的曲线,生成的轨迹就是我们所要创建的自动路径运行轨迹(图 4-1-4、图 4-1-5)。

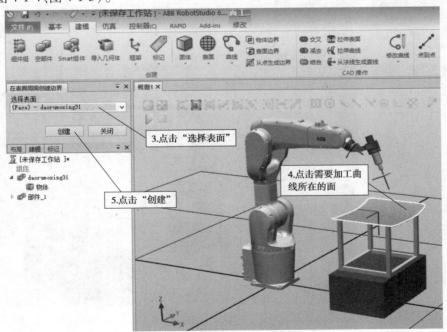

图 4-1-4　创建表面边界

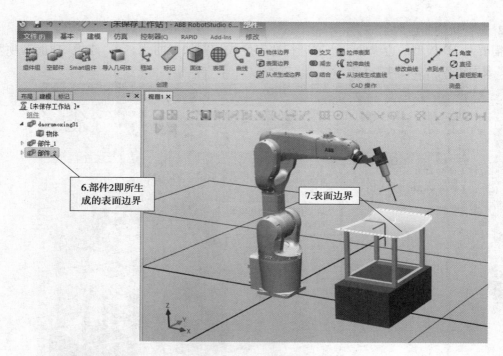

图 4-1-5　生成的表面边界

在"基本"功能选项中,点击"其他",选择创建工件坐标,创建一个以加工工件为参考的工件坐标(图 4-1-6)。

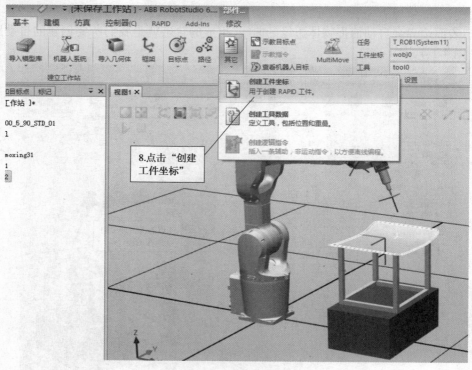

图 4-1-6　创建工件坐标

点击创建工件坐标的"取点创建框架"下拉菜单,"三点法"创建工件坐标包含 X 轴上的第一个点、第二个点以及 Y 轴上的一个点,我们可以选择相互垂直的 AB,AC 所在的坐标作为工件坐标系,如图 4-1-7 所示。

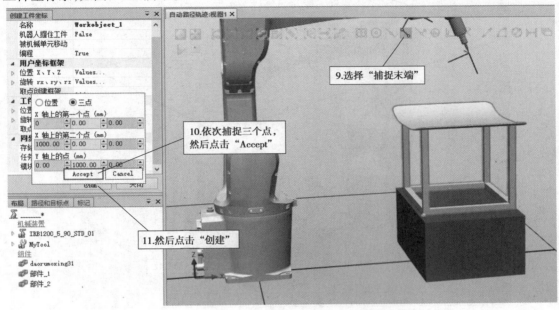

图 4-1-7 "三点法"设定工件坐标参数

3. 生成机器人切割路径

在"基本"功能选项中,点击"路径",选择"自动路径"。

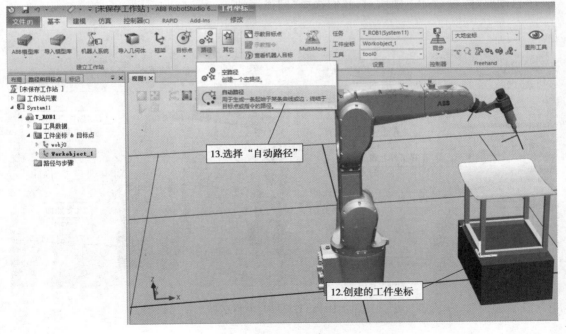

图 4-1-8 创建自动路径

在选择路径轨迹之前,首先对运动参数进行设置,减少后续单个修改的工作量。默认的速度 V 为 1 000,转角 Z 为 100,我们设置速度 V = 150,转角 Z = 5,如图 4-1-9 所示。

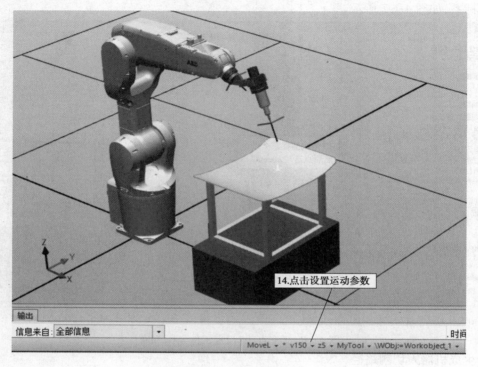

图 4-1-9　设置运动参数

"自动路径"参数如下图所示,我们选择"圆弧运动"。

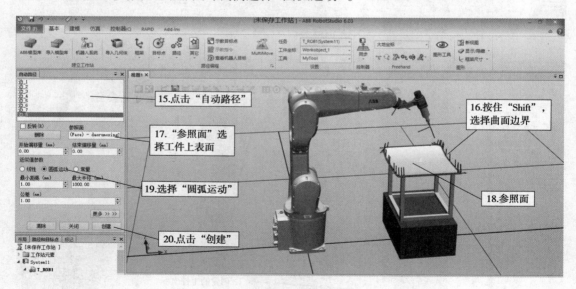

图 4-1-10　自动路径参数设定

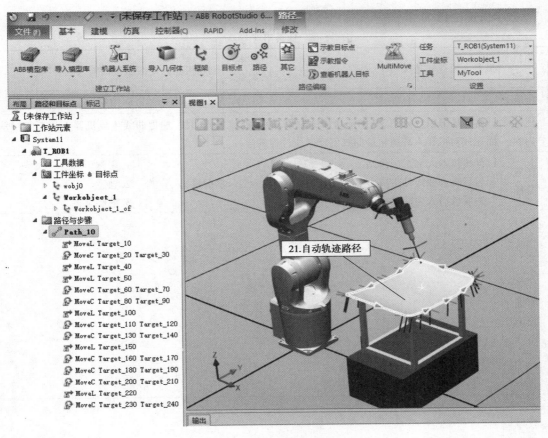

图 4-1-11　自动轨迹路径

选　项	用途说明
线性	为每个目标生成线性指令,圆弧作为分段线性处理
圆弧运动	在圆弧特征处生成圆弧指令,在线性特征处生成线性指令
常量	生成具有恒定间隔距离的点

课后思考及练习

1. 如何捕捉我们所需要的加工路径的轨迹?

2. 多练习曲线轨迹路径的生成操作步骤。

教学视频

创建曲线离线轨迹的操作演示。

教学质量检测

任务书4-1

项目名称	机器人离线轨迹编程		任务名称	创建机器人离线轨迹曲线及路径	
班级		姓名	学号		组别
任务内容	本次任务以导入的3D图形为加工对象,通过创建表面曲线,捕捉曲线生成机器人加工路径从而完成对机器人离线轨迹曲线创建操作过程的学习。				
任务目标	1. 创建机器人加工工作站 2. 运行轨迹曲线的生成 3. 生成机器人切割路径		掌握情况	1. 了解 2. 熟悉 3. 熟练掌握	
任务实施总结					
教师评价					

任务二 机器人目标点调整及仿真播放

任务描述

机器人到达目标点的工具坐标所存在的姿态可能存在好几种,我们需要通过目标点的调整以及轴参数配置,让机器人平稳顺滑的到达目标点,完成轨迹路径的运行,完成程序的运行及仿真播放。

技能训练

目标点的姿态调整操作步骤和目标点的轴参数配置操作步骤。

机器人到达目标点,可能存在多种关节轴组合情况,即多种轴配置参数。需要为自动生成的目标点调整轴配置参数,我们通过下面的操作步骤完成参数的设置:

1. 机器人目标点调整

展开工件目标点与程序运行路径,操作如图4-2-1。我们选中"Target-10"右击,在弹出的对话框中点击"查看目标处工具"将我们加载的工具"Mytool"前面的勾选上即可在视图中显示目标点处工具的姿态。

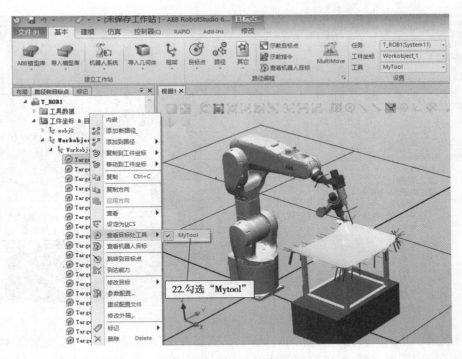

图 4-2-1 显示目标点工具

从视图可以看出机器人以此姿态难以接近目标点,我们需要改变目标点的姿态(图 4-2-2、图 4-2-3)。

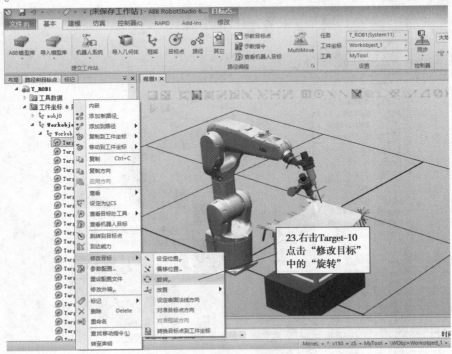

图 4-2-2 修改目标

89

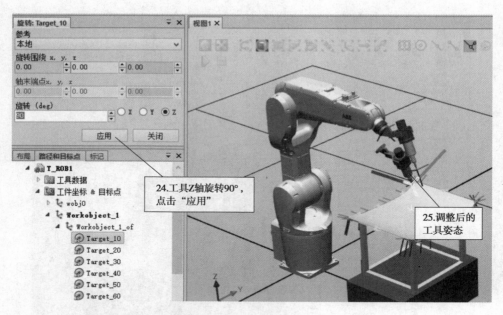

图 4-2-3　目标点工具位置

当我们选中其他所有的目标点的时候,工具姿态并不是朝着一个方向,这样不利于机器人轨迹的运行和平滑过渡,因此我们需要将其他目标点对准我们调整好的 Target-10 目标点方向,操作如图 4-2-4 所示。

图 4-2-4　目标点对齐

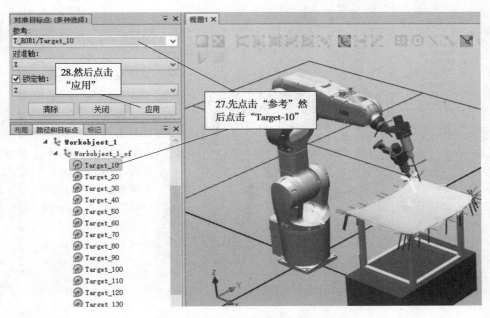

图 4-2-5 选择对齐目标参考点

再次选中所有的目标点，显示目标点的姿态保持一致，方便轨迹的运行，如图 4-2-6 所示。

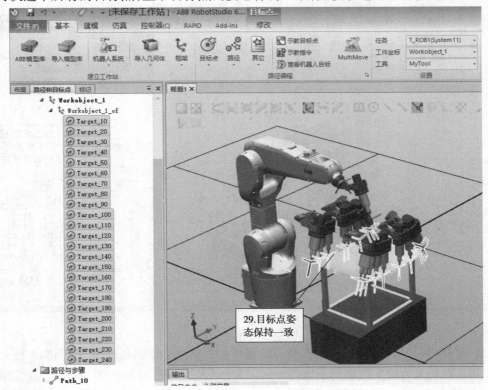

图 4-2-6 查看对齐后的目标点

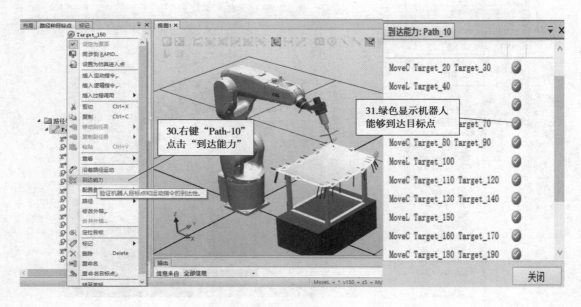

图 4-2-7　查看目标点到达能力

2. 进行轴配置参数调整

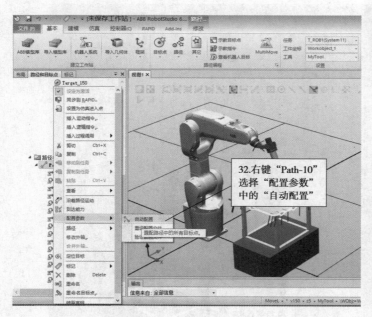
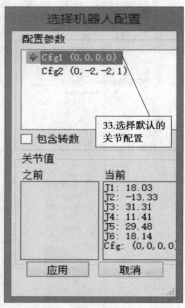

图 4-2-8　配置参数

关于图 4-2-8 关节轴说明:因为机器人的部分关节轴运动范围超过 360°,例如本任务中的机器人 IRB2600 关节轴 6 的运动范围为 −400°至 +400°,即范围为 800°,则同一个目标点位置,假如机器人关节轴 6 为 60°时可以到达,那么关节轴 6 处于 −300°时同样也可以到达。同学们可以点击 Cfgt2、Cfgt3 、Cfgt4 观察到达时机器人姿态。

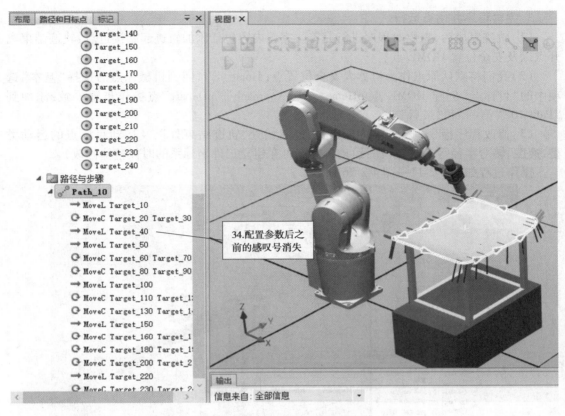

图 4-2-9 配置后的目标点与路径

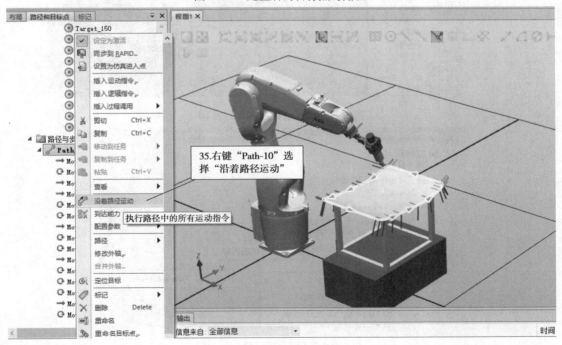

图 4-2-10 沿着路径运动

3.完善程序并仿真运行

（1）轨迹完成后，需要对程序进行完善。完善内容包括添加轨迹起始接近点、轨迹结束离开点以及安全位置 HOME 点。

（2）我们将默认原点作为机器人安全位置点（Home 点），回到机械原点后选择"基本"选项中的"目标点"创建 HOME 点 pHome，与"pApproach""pDepart"点操作步骤一致，添加到"Path-10""第一"和"最后"。

（3）修改程序指令，修改 HOME 点、轨迹起始处、轨迹结束处以及运动目标点的运动类型、速度、转弯半径等参数。（注：运动目标点可在建立工件坐标系的时候整体修改）。

操作过程如图 4-2-11—图 4-2-26 所示。

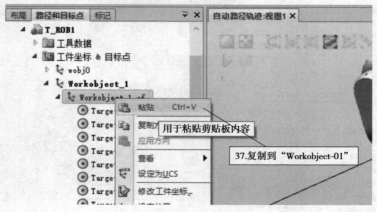

图 4-2-11　复制目标点 Target-10

图 4-2-12　粘贴目标点

对粘贴的目标点"Target-10（2）"进行重命名 pApproach。

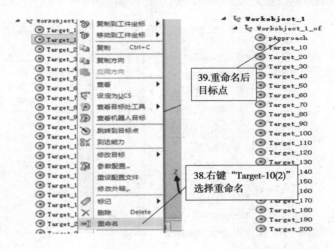

图 4-2-13　对参考点进行重命名

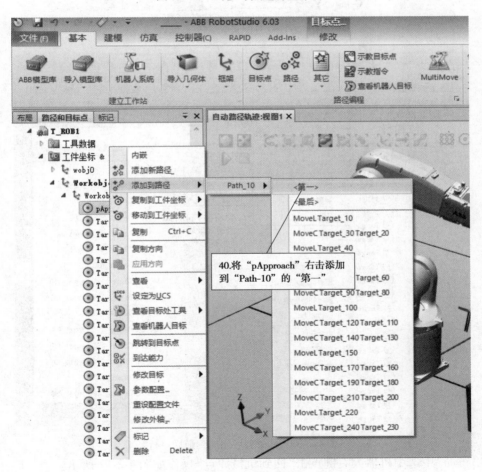

图 4-2-14　添加到路径第一点

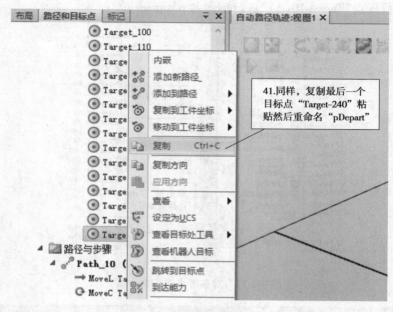

图 4-2-15　复制最后一个目标点

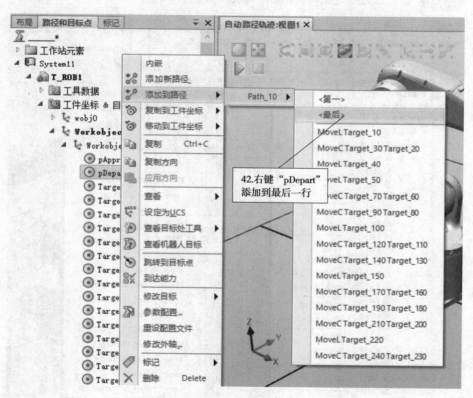

图 4-2-16　重命名后添加到最后一行

在"布局"中选中机器人右键点击"回到机械原点"操作如图 4-2-17 所示。

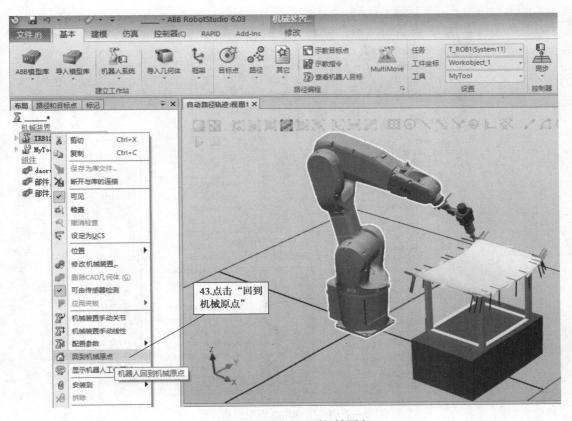

图 4-2-17 机器人回到机械原点

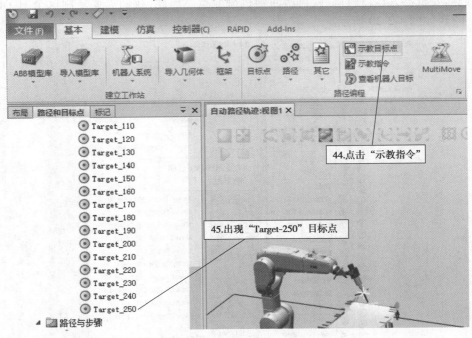

图 4-2-18 添加示教目标点

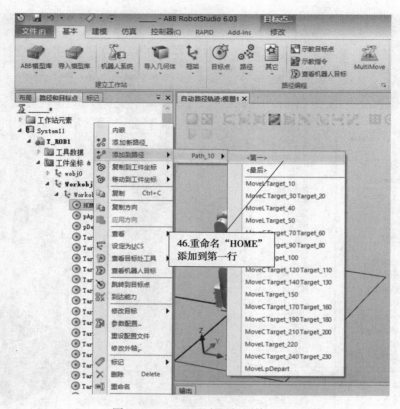

图 4-2-19 HOME 点添加到第一行

我们需要机器人运行轨迹后，再次回到机械原点。因此，我们需要复制这个 HOME 添加到最后一行，如图 4-2-20 所示。

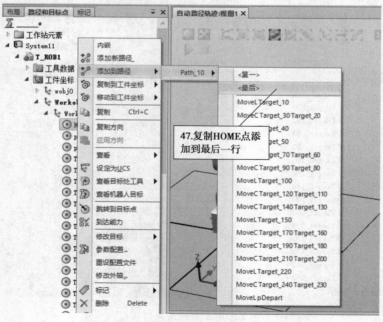

图 4-2-20 HOME2 添加到最后一行

轨迹路径编好之后，我们需要进行同步。这就相当于我们把程序写入控制器中，能够被系统识别并运行。点击"RAPID"功能选项中的同步，然后选择"同步到 RAPID"，如图 4-2-21 所示。

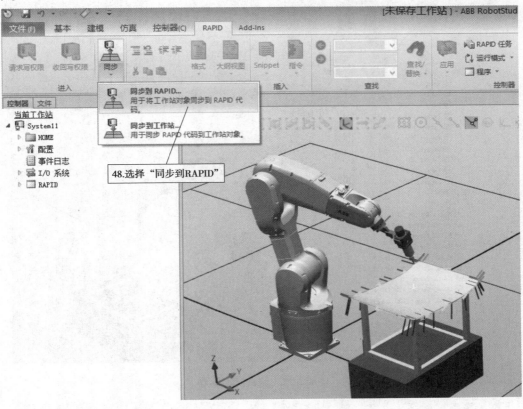

图 4-2-21 轨迹同步

同步参数我们选择全部勾选，如图 4-2-22 所示。

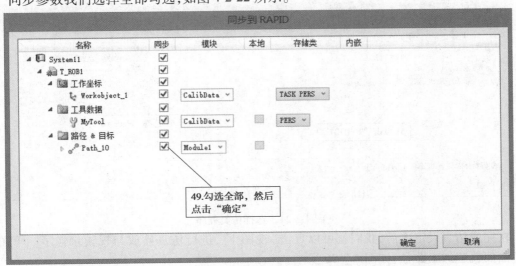

图 4-2-22 同步选项

在完成轨迹同步后，我们需要进行仿真设定，选择我们需要运行的轨迹路径。在"仿真"功能选项中选择"仿真设定"，如图 4-2-23 所示。

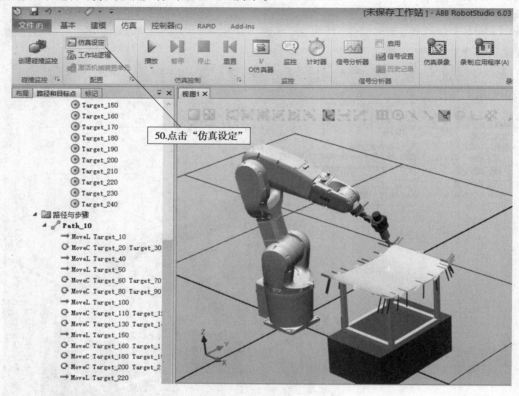

图 4-2-23 仿真设定参数

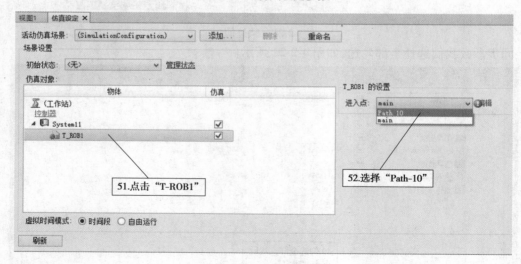

图 4-2-24 选择仿真程序

在完成仿真设定之后，我们就可以点击"视图 1"，进行仿真播放与视频录像了。下图显示了曲面轨迹加工路径，如图 4-2-25 所示。

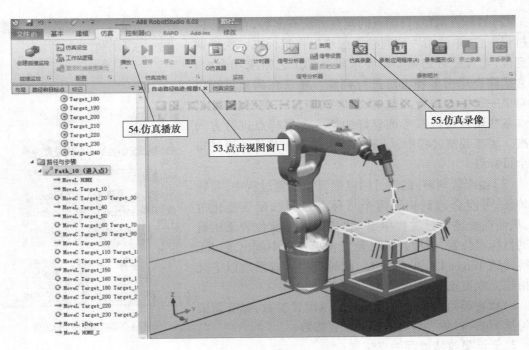

图 4-2-25　仿真播放

4. 关于离线轨迹编程的关键点

在离线轨迹编程中,最为关键的三步是图形曲线、目标点调整、轴配调整。关于这三个操作内容做一些内容补充:

(1)图形曲线:生成曲线的方法有"先创建曲线再生成轨迹"和直接捕捉 3D 模型边缘轨迹创建两种。在创建自动路径时,可直接用鼠标捕捉导入模型边缘,从而生成运行轨迹。如图 4-2-26。在导入模型前,需要用专业的三维软件对模型进行处理(如 Solidworks),因为 RobotStudio 只提供简单的建模功能。生成的轨迹要选取合适的近似值,以便目标工具的接近,如图 4-2-27。

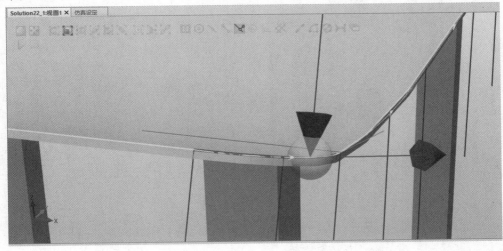

图 4-2-26　鼠标捕捉点生成轨迹

101

（2）目标点调整：目标点的调整方法有多种，在实际应用过程中，单单使用一种调整方法难以将目标点一次性调整到位，尤其是对工具姿态要求较高的工艺需求场合中，通常是综合运用多种方法进行调整。建议在调整过程中先对单一目标点进行调整，反复尝试调整完成后，其他目标点某些属性可以参考调整好的第一个目标点进行方向对准。姿态调整过程中，尽量保证机器人工具平滑通过每一个目标点。

（3）轴配置调整：在为目标点配置轴配置过程中，若轨迹较长，可能会遇到相邻两个目标点之间轴配置变化过大，从而在轨迹运行过程中出现"机器人当前位置无法跳转到目标点位置，请检查轴配置"（前面任务中就出现过无法跳转到 Target-130 的现象）。此时我们可以采取以下几项措施完成更正：

1）轨迹起始点尝试使用不同的轴配置参数，如有需要可勾选"包含转数之后再选择轴配置参数；

2）尝试更改轨迹起始点位置；

3）调整目标点的工具接近姿态；

4）SingArea、ConfL、ConfJ 等指令的运行。

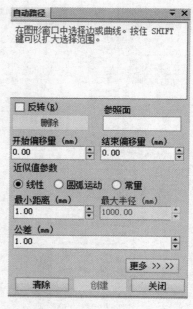

图 4-2-27　修改近似值

课后思考及练习

1. 为什么我们要对目标点的姿态进行调整？

2. 学生独立完成机器人离线轨迹目标点的调整及轴参数设置操作步骤。

教学视频

目标点的调整及轴参数配置，然后完成仿真播放的操作视频。

教学质量检测

任务书 4-2

项目 名称	机器人离线轨迹编程		任务 名称	机器人目标点调整及仿真播放		
班级		姓名		学号		组别	
任务 内容	本任务主要学习离线轨迹目标点的调整、轴参数调整以及离线轨迹仿真运行的操作步骤。					
任务 目标	1. 掌握目标点的调整方法 2. 进行轴配置参数的调整 3. 离线轨迹仿真运行的操作 4. 离线轨迹编程技巧的学习		掌握情况		1. 了解 2. 熟悉 3. 熟练掌握	
任务 实施 总结						
教师 评价						

任务三　机器人离线轨迹编程辅助工具

任务描述

在仿真过程中,规划好机器人运行轨迹后,一般需要验证当前机器人轨迹是否会与周边设备发生干涉,这就需要运用碰撞监控功能进行检测;此外,机器人执行完运动后,我们需要对轨迹进行分析,机器人轨迹到底是否满足需求,则可通过 TCP 跟踪功能将机器人运行轨迹记录下来,用来做后续的研究分析资料。

技能训练

1. 机器人碰撞监控功能的使用

模拟仿真的一个重要任务是验证轨迹可行性,即验证机器人在运行过程中是否会与周边设备发生碰撞。此外在轨迹应用过程中,例如焊接、切割等因为焊丝或切割激光伸出目标工具一定的长度,所以目标中心在保持和加工工件一定范围内运行,此时机器人工具实体尖端与工件表面的距离保证在合理范围内,既不能与工件发生碰撞,也不能距离过大,从而保证工艺需求。在 RobotStudio 软件的"仿真"功能选项卡中有专门用于检测碰撞的功能——碰撞监控。下面通过碰撞监控功能的使用操作步骤,熟练掌握该功能的运用。

我们在前面一章节创建的工业机器人加工工作站的基础上,来使用和验证机器人碰撞监控功能,在"仿真"功能选项中点击"创建碰撞监控",如图 4-3-1—图 4-3-6 所示。

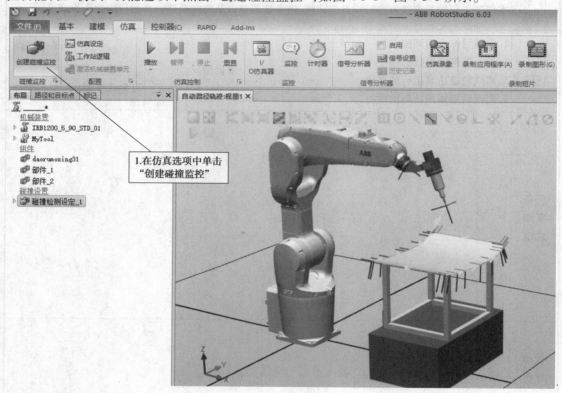

图 4-3-1　碰撞监控创建

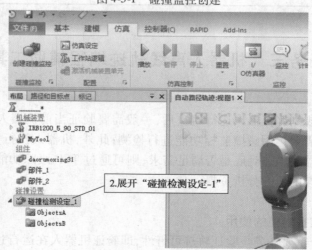

图 4-3-2　碰撞检测设定的展开

　　说明:碰撞集包含 ObjectA 和 ObjectB 两组对象。我们将需要检测的对象放到两个组中,从而检测两组对象之间的碰撞。当 ObjectA 内任何对象与 ObjectB 内任何对象发生碰撞,此碰撞将显示在图形视图里并记录在输出窗口内。碰撞集可以设置多个,但每个碰撞集内只能包含两组对象。在布局窗口中,可以用鼠标左键选中需要检测的对象,不松开,拖入到对应的碰撞组中。

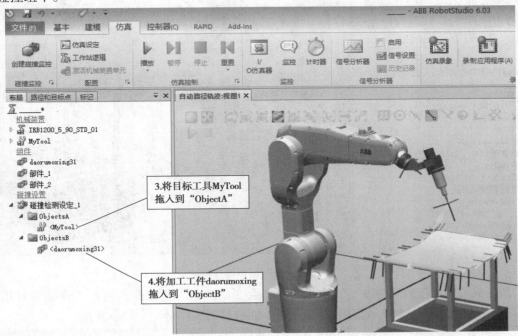

图 4-3-3　选择碰撞检测对象

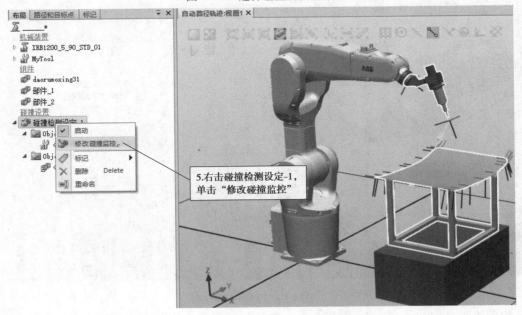

图 4-3-4　修改碰撞监控参数

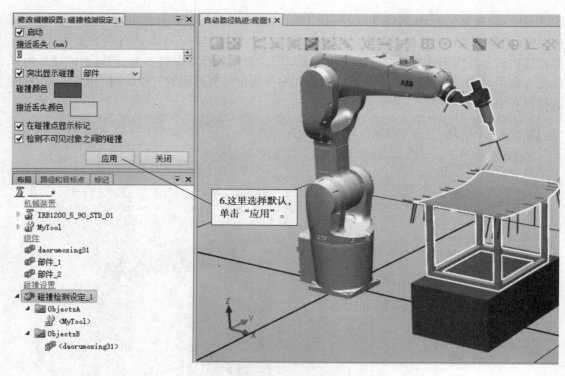

图 4-3-5 碰撞检控参数设置

当工具与加工工件碰撞时,工具和工件都会变成红色。这在我们进行工作站设计的时候,对于是否达到是一个提示作用,对于两组不能碰撞的物体是一个警示作用。

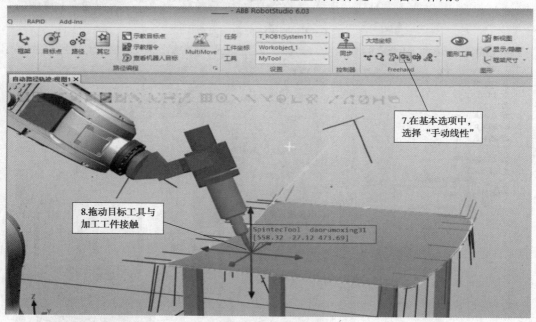

图 4-3-6 碰撞现象

我们将工具拖到工件上方,本任务中由于目标工具中心在工具末端,所以当目标工具与加工工件的距离在设定的 10.00 mm 内而又没与工件碰撞时,工件颜色就显示设定"接近丢失"的紫色,如图 4-3-7 所示。

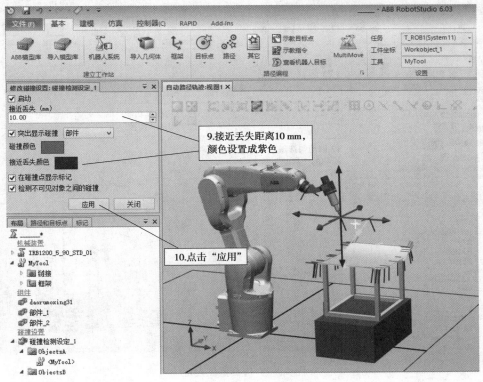

图 4-3-7 接近丢失参数设定

接近丢失功能能够辅助工业机器人设计者限制工具末端中心距离工件的距离,比如我们焊接过程需要设定焊条距离工具在焊缝的 10 mm 范围内,又不能与工件接触,就可以用到接近丢失功能。图 4-3-8 显示了距离 $0 < L \leq 10$ mm 时,工具和工件显示紫色。

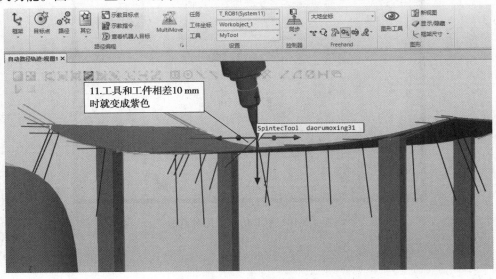

图 4-3-8 接近丢失功能

2. 机器人 TCP 跟踪功能的使用

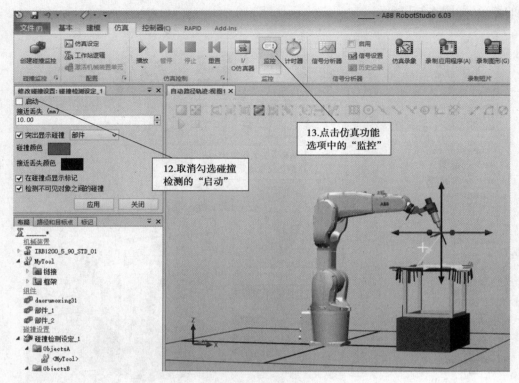

图 4-3-9　仿真监控设定

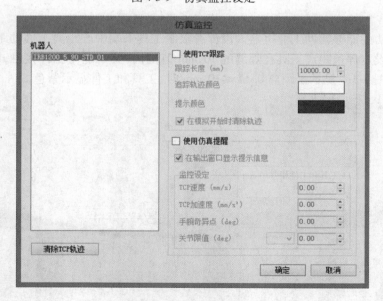

图 4-3-10　TCP 仿真监控对话框

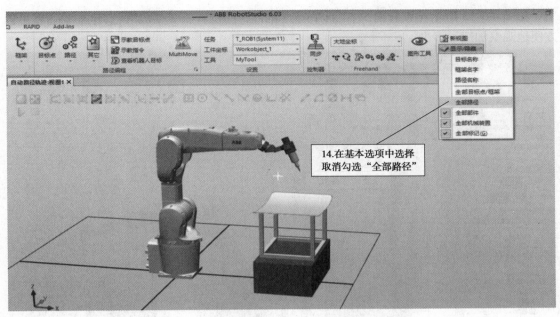

图 4-3-11 取消路径显示

使用 TCP 跟踪	勾选可对机器人的 TCP 路径启动跟踪,如图 4-3-10 所示。
跟踪长度	指定最大轨迹长度(以毫米为单位)
追踪轨迹颜色	当不启用或在警告参数范围内是时显示追踪轨迹颜色。单击颜色框可修改追踪轨迹颜色。
提示颜色	当轨迹运行时 TCP 超过"警告"定义中的任何参数时,显示提示颜色。单击颜色框可修改提示颜色。
清除轨迹	单击此选项可清除图形窗口中的跟踪轨迹,如图 4-3-11 所示。

在"仿真"选项中,点击"监控"我们将追踪颜色显示成紫色,追踪长度设置 10 000 mm(可根据实际运行轨迹长度进行设置,大于轨迹长度即可),也可以设计我们要追踪运行多长,如图 4-3-12 所示。

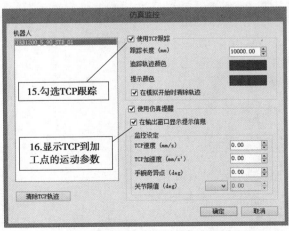

图 4-3-12 TCP 参数设置

109

如图 4-3-13 所示可以看出,当工具中心点运行到的位置就会变成紫色,这样我们就可以方便地观察加工了多少。

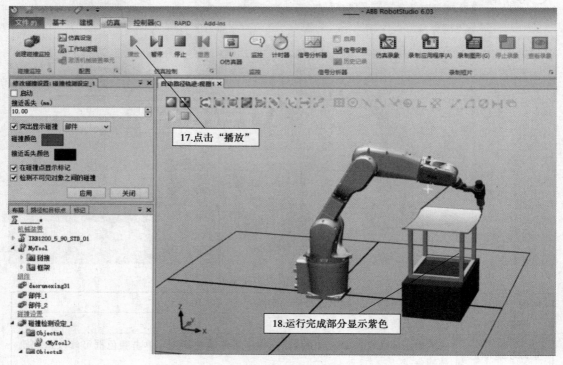

图 4-3-13　目标工具 TCP 轨迹运行路径显示

课后思考及练习

1. 碰撞检测功能对哪些加工场合的仿真有良好应用?

2. 学生练习碰撞检测功能与 TCP 跟踪功能设定的操作步骤。

教学视频

碰撞检测功能参数的设定及效果展示仿真教学;TCP 跟踪功能参数设定操作步骤讲解视频。

教学质量检测

项目名称	机器人离线轨迹编程		任务名称	机器人离线轨迹编程辅助工具	
班级		姓名		学号		组别	
任务内容	本次任务主要学习机器人离线轨迹碰撞监测功能及 TCP 跟踪功能的运用。				
任务目标	1. 熟悉机器人碰撞监测功能及运用 2. 熟悉 TCP 跟踪功能及运用		掌握情况	1. 了解 2. 熟悉 3. 熟练掌握	
任务实施总结					
教师评价					

项目五

Smart **组件的应用**

任务一　用 Smart 组件创建动态输送链

任务描述

我们在 RobotStudio 中创建仿真码垛工作站时,首先需要建立一个具有动态效果的仿真输送链。Smart 组件的功能就是在 RobotStudio 中实现工作站动态动画效果。根据需要,我们通过建立一个具有动态效果的仿真工作站来完成 Smart 组件产品源设定、运动属性的链接、限位传感器的建立、输入输出信号与连接、模拟动态运行等功能介绍与实践操作。

技能训练

动态输送链建立过程的操作步骤。

1. 建立输送链工作站

操作过程中,我们需要建立工作站,如图 5-1-1 所示。创建工作站能够对前面章节工作站的建立以及创建工具等知识进行一个复习。

导入机器人 IRB460、码垛堆放的木架、输送链以及周边围栏,如图 5-1-2—图 5-1-5 所示。

说明:码垛木架必须放在机器人可到达的工作区域内,让机器人能够顺利进行码垛工作。选中机器人显示机器人工作区域,勾选"3D 轮廓",更直观地体现木架在机器人的摆放范围内。木架通过线性运动移动到工作区域内。

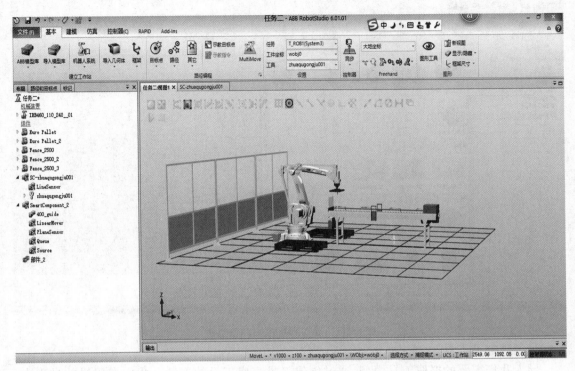

图 5-1-1　输送链工作站

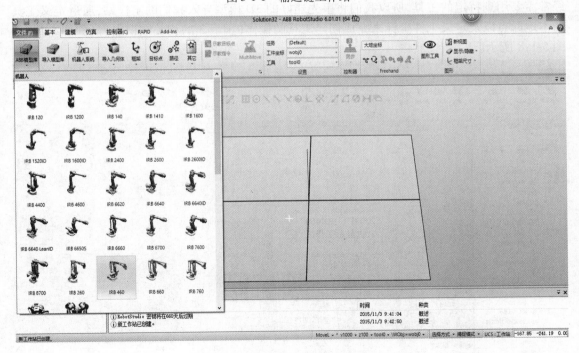

图 5-1-2　导入 IRB460 机器人

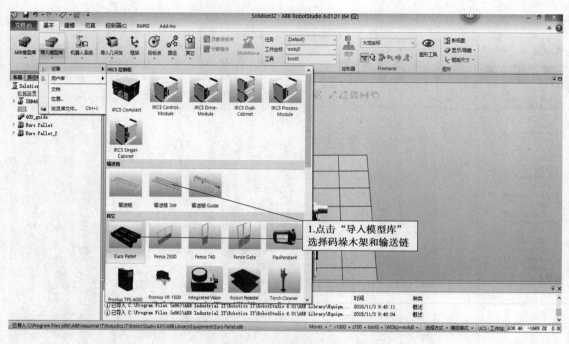

图 5-1-3　导入码垛木架和输送链

2. 创建加工工具

导入我们需要的抓取工具模型,通过创建工具完成工具的安装。我们在码垛的过程中,经常需要用到特定的工具,所以我们将事先建好的 3D 模型导入我们的工作站,通过定义工具的本地原点以及定义工件坐标来完成创建工具的操作(项目 3 的相关知识点)。如图 5-1-4—图 5-1-8 所示。

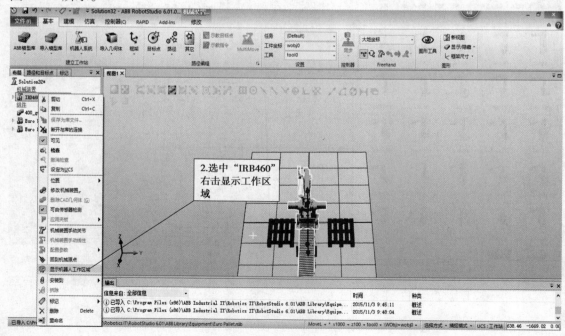

图 5-1-4　合理摆放木架 1

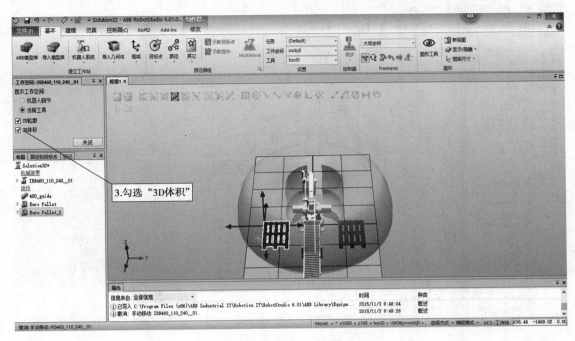

图 5-1-5　合理摆放木架 2

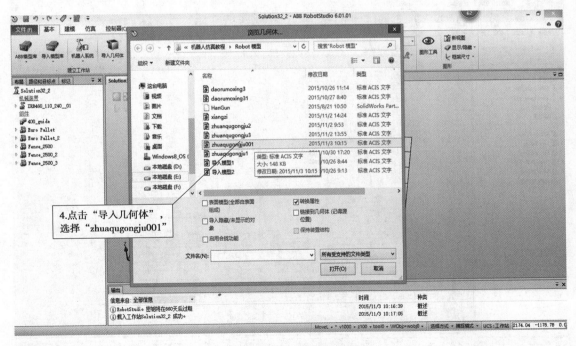

图 5-1-6　导入抓取工具模型

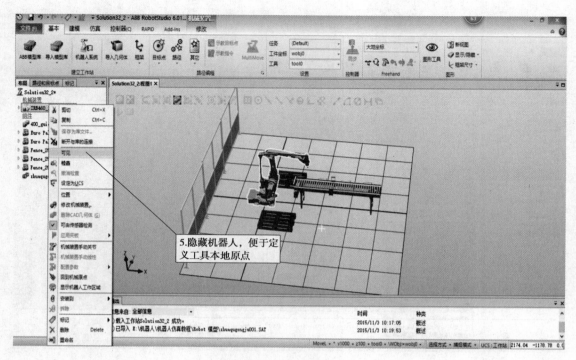

图 5-1-7　创建工具

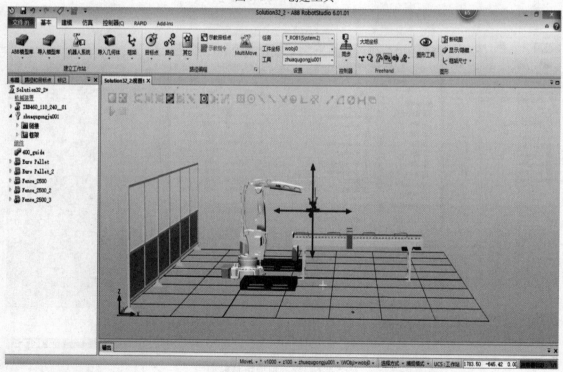

图 5-1-8　安装"zhuaqugongju001"到 IRB460

3. 建立箱子模型

说明：我们捕捉的端点位置为(4 036.79,205.67,773)，但希望显示的效果是箱子在输送导轨内，基本处于导轨的正中间。所以在捕捉到该点后，我们将该点往里面移 336，往中间移动 35，往 Z 轴负方向移动 13，所以角点的最后坐标变为(3 700,170,760)。这样箱子位于输送链正中间，设定好我们需要的颜色，如图 5-1-9，图 5-1-11 所示。这样通过"机器人系统"完成工作站的建立。

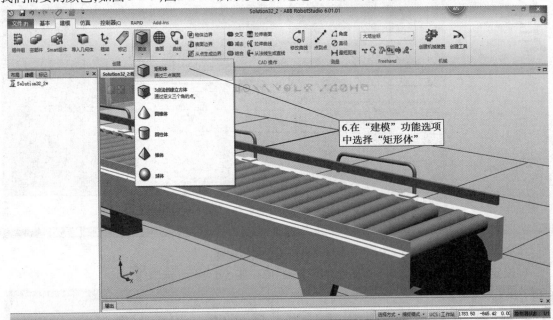

图 5-1-9　建立箱子模型

图 5-1-10　箱子位置捕捉与大小参数设定

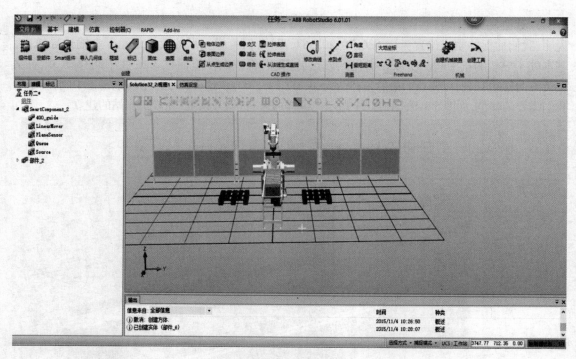

图 5-1-11　完成箱子建模

4. 设定输送链的产品源(Source) , 如图 5-1-12—图 5-1-14 所示。

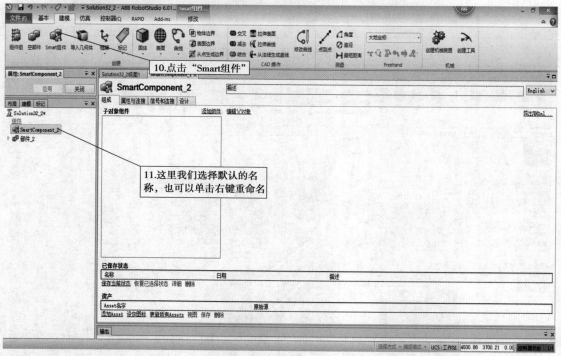

图 5-1-12　创建 Smart 组件

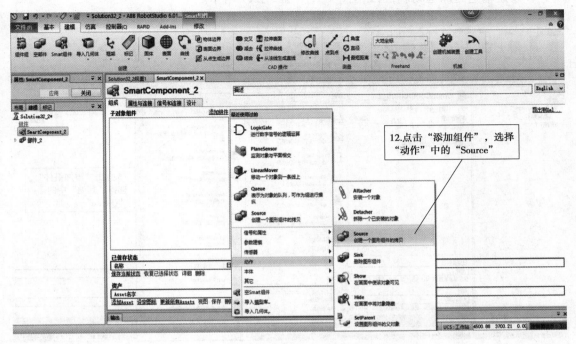

图 5-1-13 添加组件"Source"

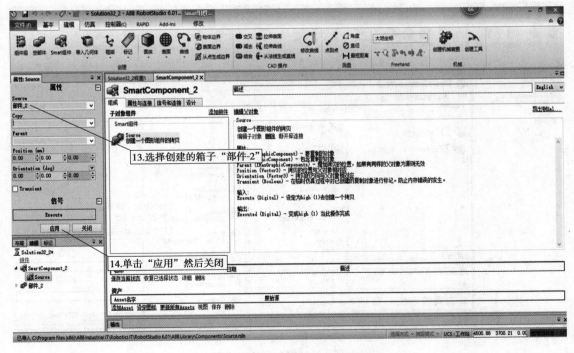

图 5-1-14 设定"Source"参数

5.设定输送链的运动属性,如图 5-1-15—图 5-1-17 所示。

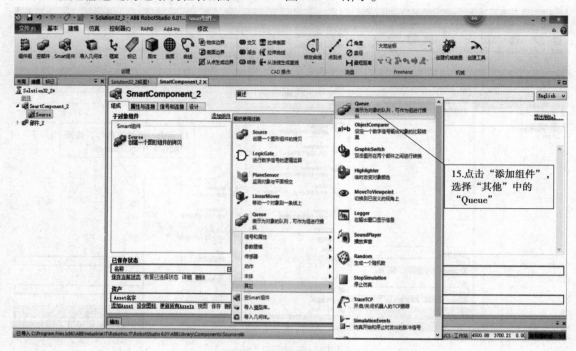

图 5-1-15   添加"Queue"组件

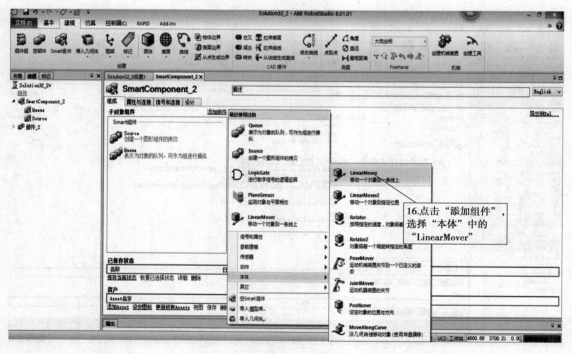

图 5-1-16   添加"LinearMover"组件

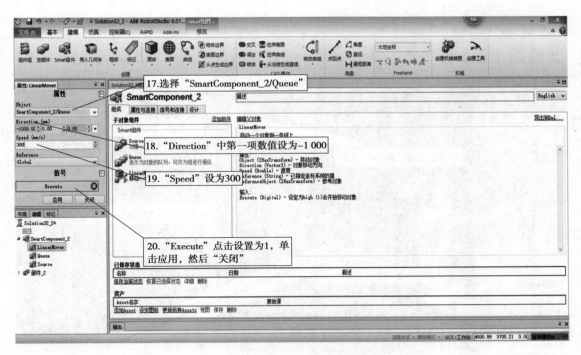

图 5-1-17 设置"LinearMover"参数

说明："Direction"设置为 – 1 000 表示运动方向为大地坐标的 X 轴 – 1 000 的方向；"Speed"设置为 300 表示箱子在传输带运送速度为 300 mm/s；"Execute"点击设置为 1 表示运动一直处于执行状态。

6. 设定输送链限位传感器，如图 5-1-18—图 5-1-24 所示。

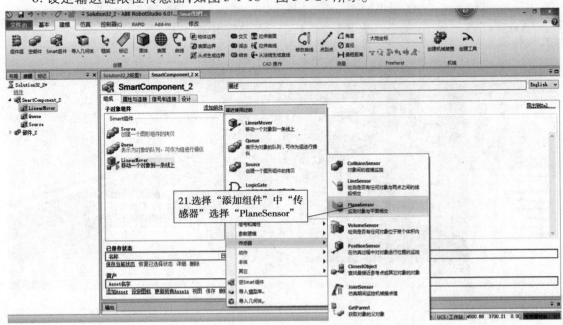

图 5-1-18 添加限位传感器

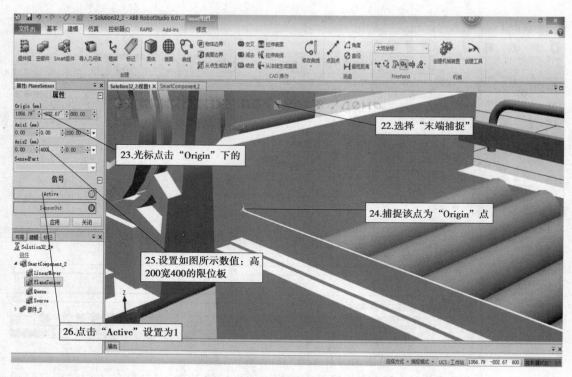

图 5-1-19　设置"PlaneSensor"参数

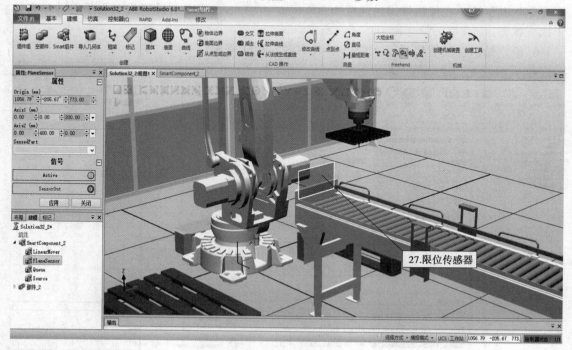

图 5-1-20　限位传感器

说明:虚拟传感器只能检测一个物体,所以这里需要保证所创建的传感器不能与周边设备接触,否则无法检测到运动到输送端末端的产品。而通过我们建立的限位传感器,我们知道它是与输送链接触的,所以我们将输送链设备的属性设置为"不可由传感器检测"。

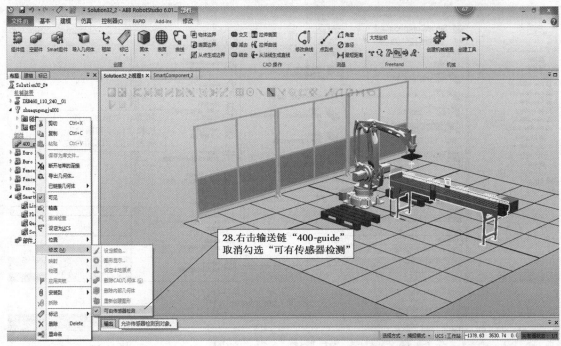

图 5-1-21　修改输送链为"不可检测"

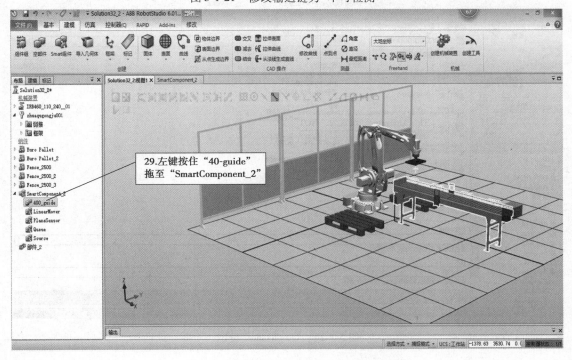

图 5-1-22　输送链添加到"Smart 组件"

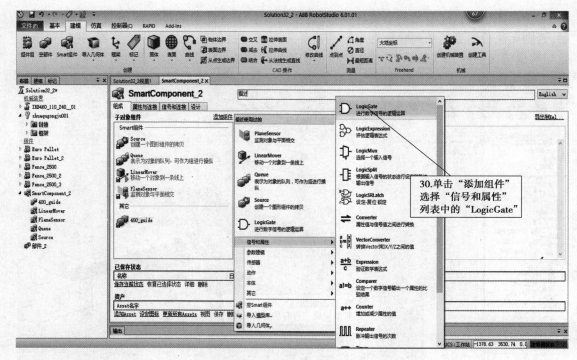

图 5-1-23 添加"LogicGate"组件

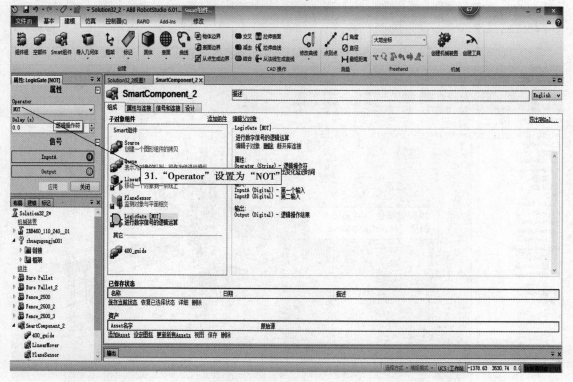

图 5-1-24 "LogicGate"设定

7. 创建属性与连接

点击 Smart 设置选项卡中的"属性与连接"进行设定，如图 5-1-25—图 5-1-27 所示。

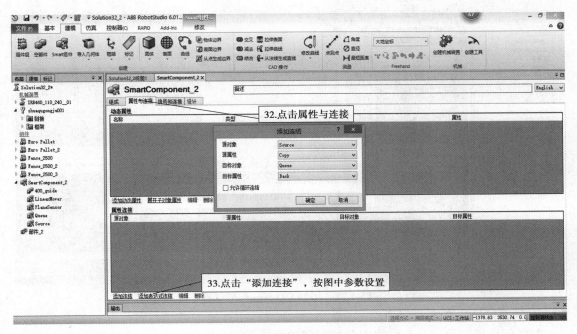

图 5-1-25 属性与连接设定

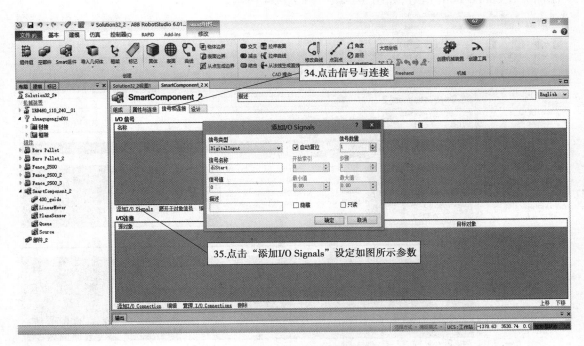

图 5-1-26 输入信号参数设定

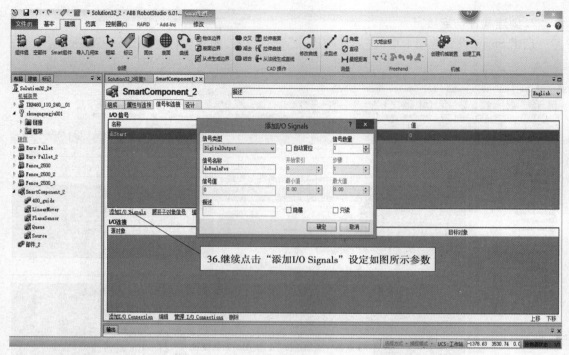

图 5-1-27　添加 I/O Signals 对话框

8. 创建信号与连接

I/O 信号指的是在本工作站中自行创建的数字信号,用于各 Smart 组件进行信号交换,"添加 I/O Connection"信号,如图 5-1-28—图 5-1-34 所示。

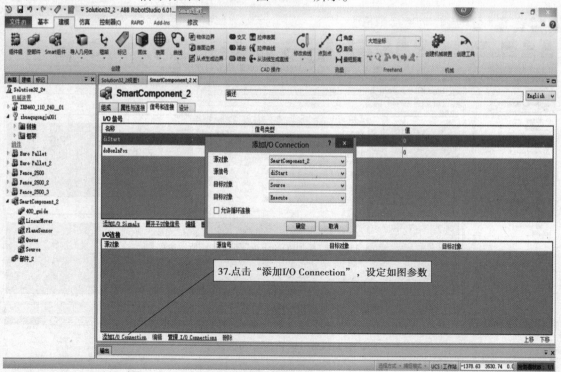

图 5-1-28　"添加 I/O Connection"信号 1

说明:创建的 diStart 去触发 Source 组件执行动作,则产品源会自动生成一个复制品。

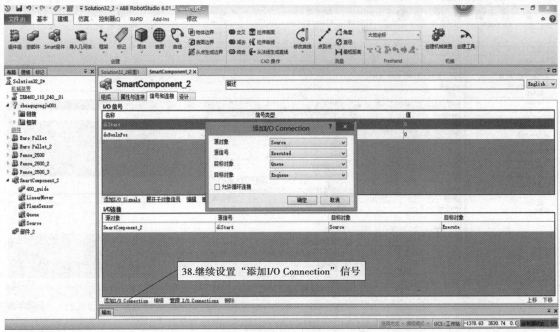

图 5-1-29 "添加 I/O Connection"信号 2

说明:产品源产生的复制品完成信号触发 Queue 的加入队列动作,则产生的复制品自动加入队列 Queue。

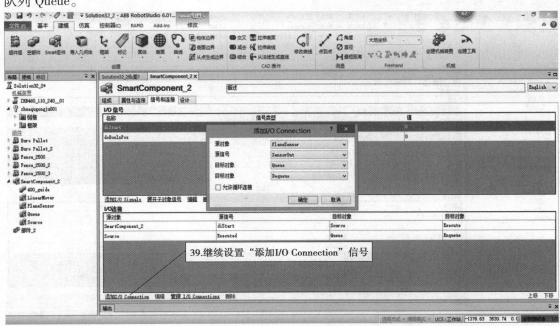

图 5-1-30 "添加 I/O Connection"信号 3

说明:当复制品与输送链末端的传感器发生接触后,传感器将本身的输出信号 SensorOut 置为 1,利用此信号触发 Queue 的退出队列动作,则队列里面的复制品自动退出队列。

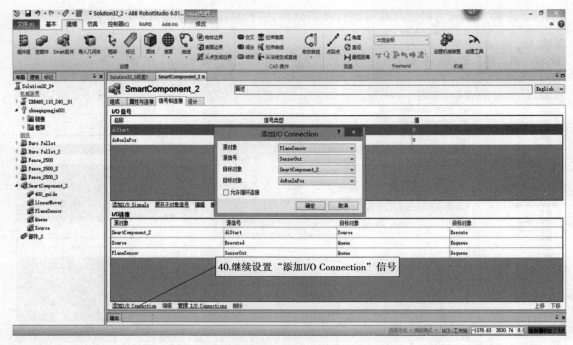

图 5-1-31 "添加 I/O Connection"信号 4

说明:当产品运动到输送链末端与限位传感器发生接触时,将 doBoxInPos 置为 1,表示产品已到位。

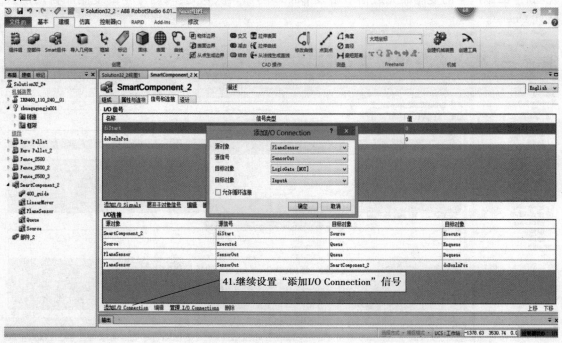

图 5-1-32 "添加 I/O Connection"信号 5

说明:将传感器的输出信号与非门进行连接,则非门的信号输出变化和传感器输出信号变化正好相反。

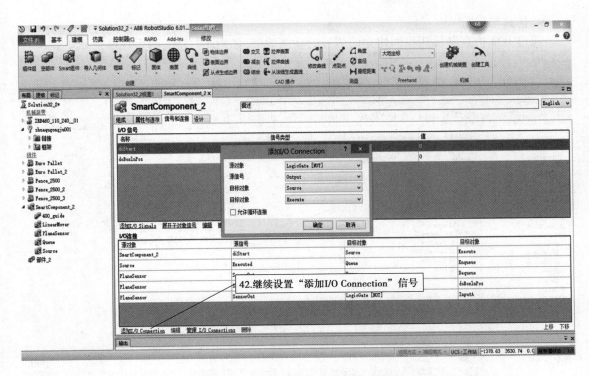

图 5-1-33　"添加 I/O Connection"信号 6

说明:非门的输出信号去触发 Source 的执行,则实现的效果为当传感器的输出信号由 1 变为 0 时,触发产品源 Source 产生一个复制品。

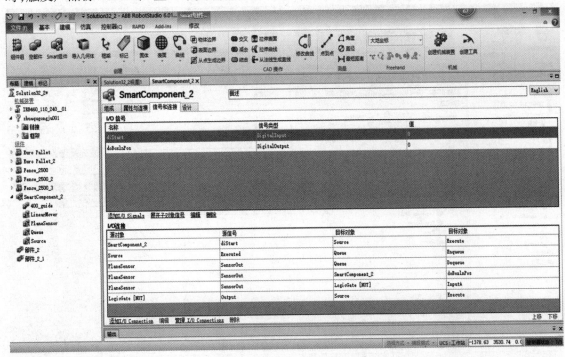

图 5-1-34　设置好的 I/O 信号和连接

9. 仿真与运行

通过 I/O 仿真器检测我们建立的信号的动画效果,如图 5-1-35—图 5-1-39 所示。

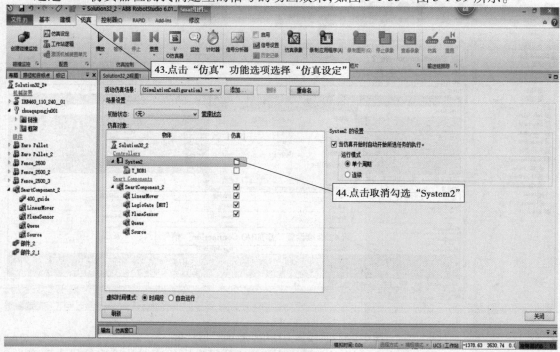

图 5-1-35 仿真设定

说明:目前只运行 Smart 组件的动画效果,所以将"System2"系统的相关参数不启动。

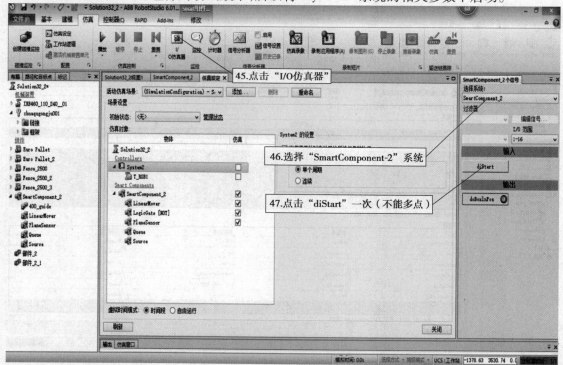

图 5-1-36 "I/O 仿真器"设定

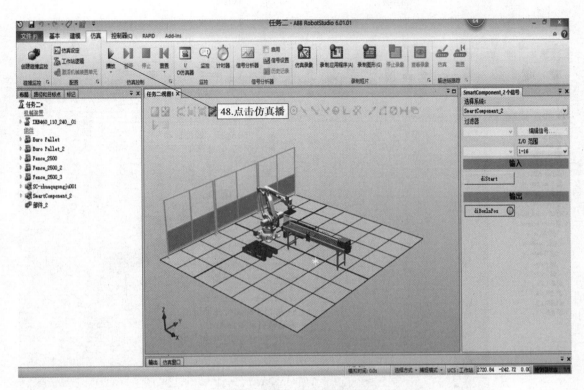

图 5-1-37 仿真动画播放

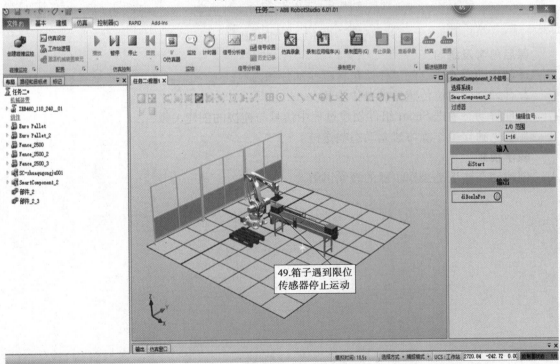

图 5-1-38 箱子停止

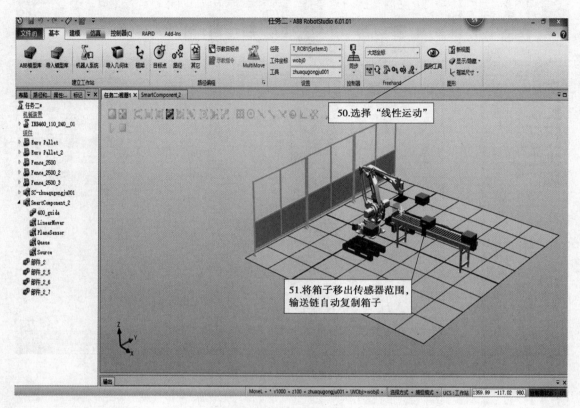

图 5-1-39　箱子复制

课后思考及练习

1. 创建动态输送链的工作站包含哪些部件和内容？

2. 合理创建限位传感器的操作步骤？

3. 理解动态输送 Smart 组件创建过程中信号与连接的创建关系？

4. 学生独立操作练习建立动态输送链。

教学视频

创建动态输送链操作步骤的教学讲解。

教学质量检测

任务书 5-1

项目名称	Smart 组件的应用		任务名称	用 Smart 组件创建动态输送链	
班级		姓名	学号	组别	
任务内容	本次任务的学习内容有复习前面所学的工作站的创建、机器人工具的创建等知识,加强学生对仿真软件的运用能力;利用 Smart 组件设定输送链产品源、运动属性、传感器属性以及属性连接、型号输入输出等完成输送链仿真程序的创建				
任务目标	1. 进一步熟练工作站及工具的创建 2. 熟悉输送链的创建包含哪些内容 3. 能根据教材完成输送链创建的操作		掌握情况	1. 了解 2. 熟悉 3. 熟练掌握	
任务实施总结					
教师评价					

任务二　用 Smart 组件创建动态夹具

任务描述

在 Robotstudio 中创建码垛的仿真工作站,夹具的动态效果是最为重要的部分。我们使用一个海绵式真空吸盘来进行产品的拾取释放,基于此吸盘来创建一个具有 Smart 组件特效的夹具。夹具动态效果包含:在输送链末端拾取产品、在放置位置释放产品、自动置位复位真空反馈信号。我们在前一章节的基础上进行仿真动态夹具创建的实践操作课程讲解和练习,达到图 5-2-1 的效果。

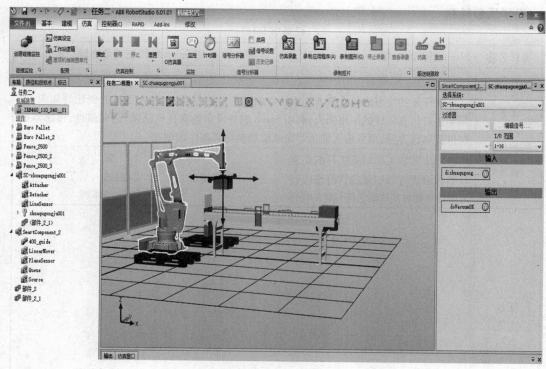

图 5-2-1　Smart 动态夹具夹取箱子效果图

技能训练

本次任务是在任务一的基础上进行夹具的属性及传感器检测等设定。

1. 设定夹具属性，如图 5-2-2—图 5-2-7 所示。

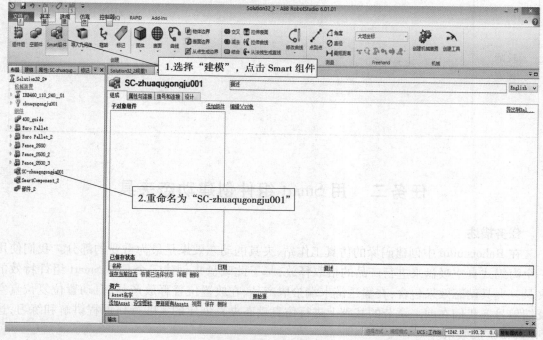

图 5-2-2　创建"SC-zhuaqugongju001"Smart 组件

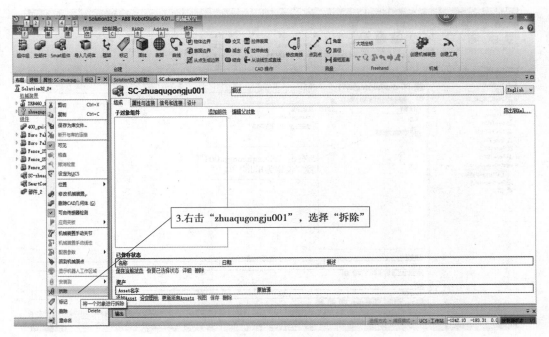

图 5-2-3　拆除"zhuaqugongju001"

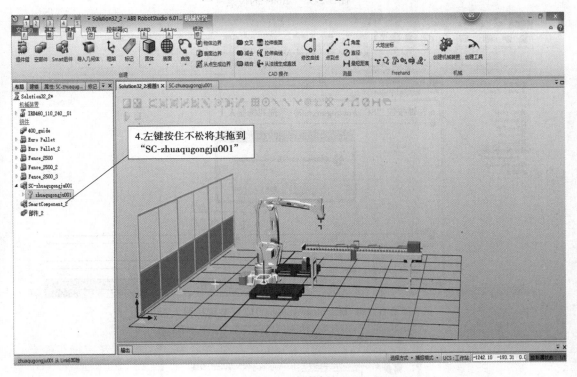

图 5-2-4　"zhuaqugongju001"安装到 Smart 组件中

说明："设定为 Role"可以让 Smart 组件获得"Role"的属性，则 SC-zhuaqugongju001 继承工具坐标系属性。

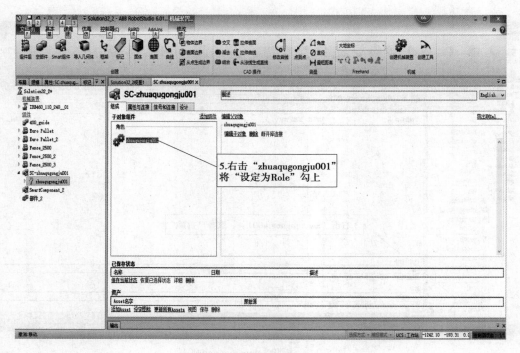

图 5-2-5　"Role"的设定

图 5-2-6　将"SC-zhuaqugongju001"安装到机器人上

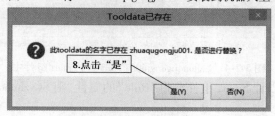

图 5-2-7　工具安装

2. 设定检测传感器,如图 5-2-8—图 5-2-12 所示。

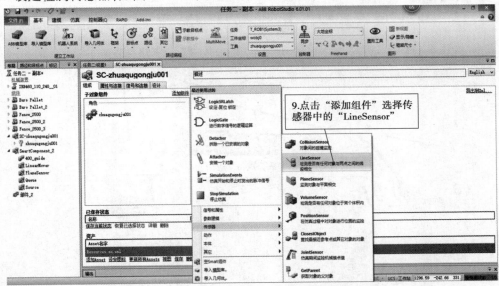

图 5-2-8　添加检测传感器

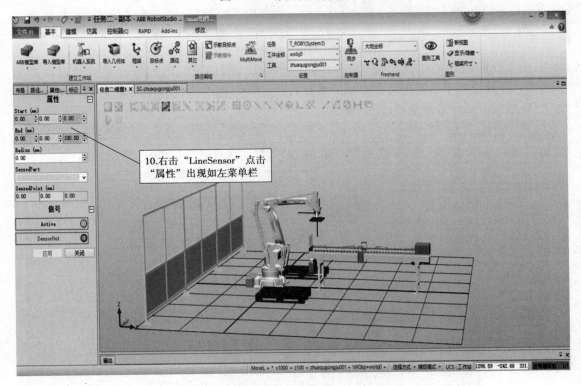

图 5-2-9　检测传感器参数设定 1

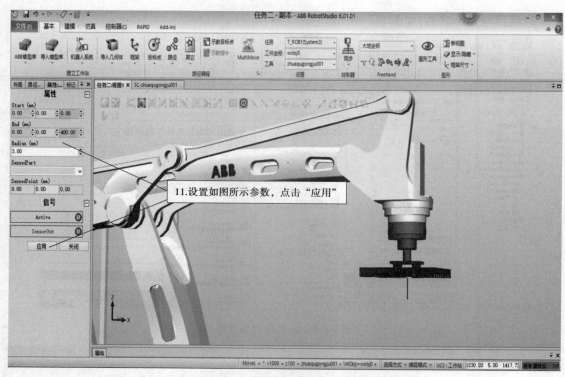

图 5-2-10　检测传感器参数设定 2

说明：由于我们所在的工具坐标为"zhuaqugongju001"，所以我们的起始点直接可以设置为 (0,0,0)，Z 轴设置 400 就相当于检测传感器长度为 400（大于工件高度的 200）。Radius 设置为 3.00 增加检测传感器直径，便于观察。

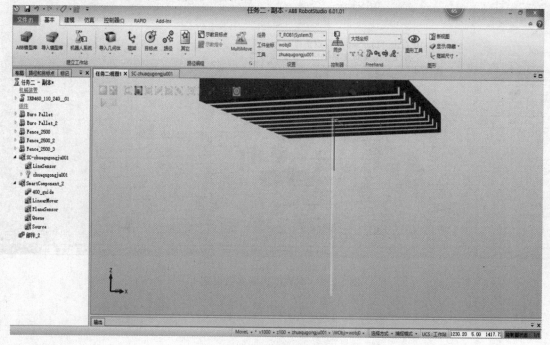

图 5-2-11　设置好的检测传感器

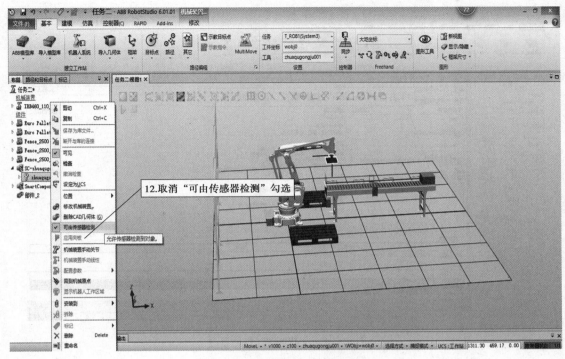

图 5-2-12 取消"可有传感器检测"勾选

3. 设定拾取放置动作，如图 5-2-13—图 5-2-19 所示。

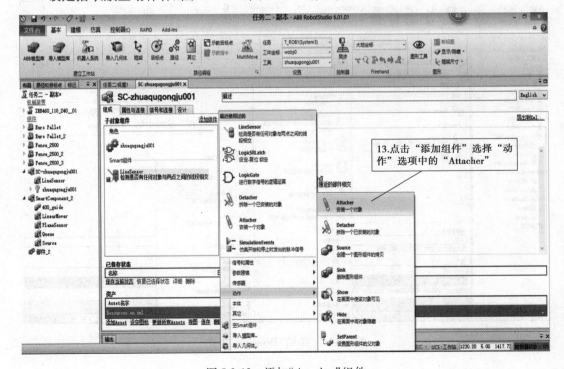

图 5-2-13 添加"Attacher"组件

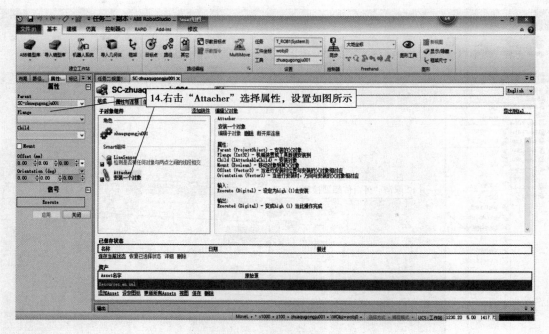

图 5-2-14 "Attacher"属性设置

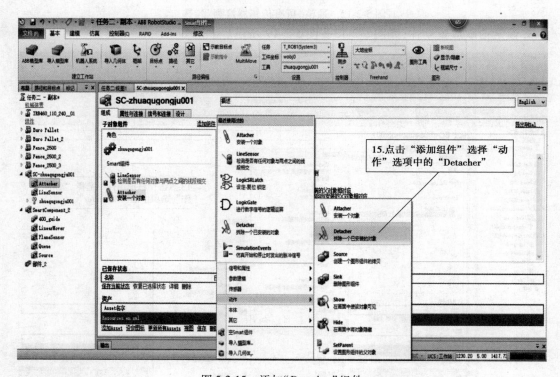

图 5-2-15 添加"Detacher"组件

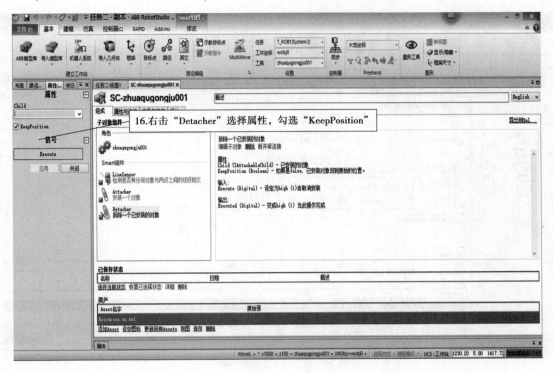

图 5-2-16　设置"Detacher"

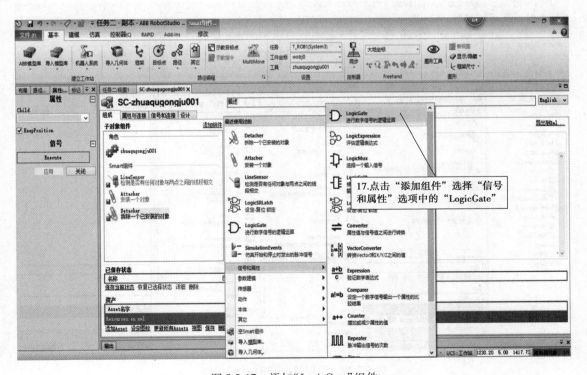

图 5-2-17　添加"LogicGate"组件

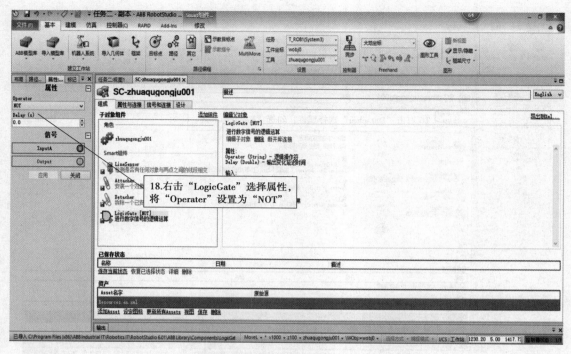

图 5-2-18　设置"LogicGate"

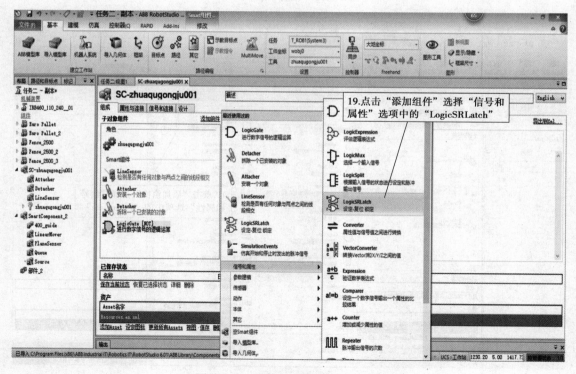

图 5-2-19　添加"LogicSRLatch"组件

4. 创建属性与连接，如图 5-2-20-1—图 5-2-21 所示

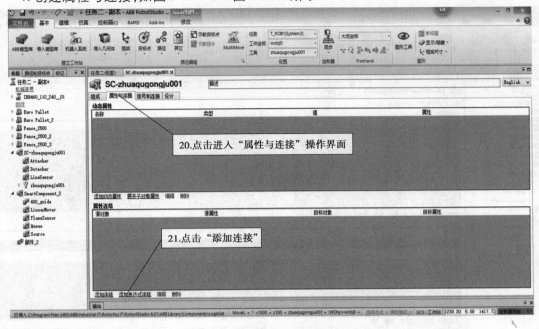

图 5-2-20-1 添加连接

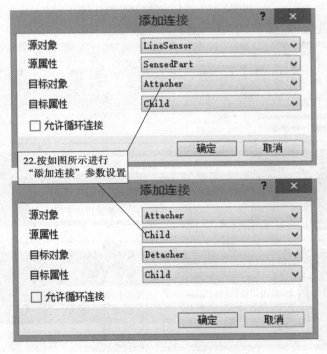

图 5-2-20-2 添加连接

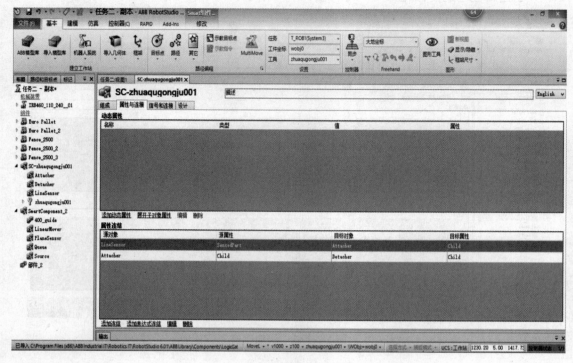

图 5-2-21　添加好的"属性与连接"

5. 创建信号与连接，如图 5-2-22-1—图 5-2-23 所示。

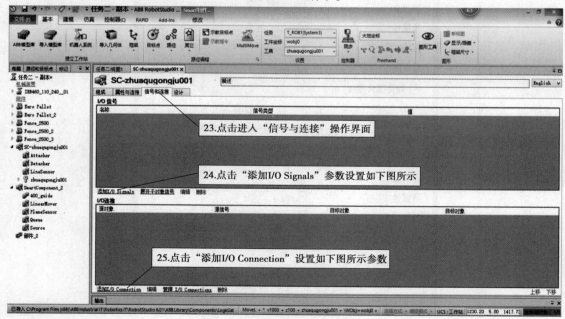

图 5-2-22-1　信号与连接参数设置

添加I/O Signals　?　×

信号类型
DigitalInput　　☐ 自动复位

信号数量
1

信号名称
di zhuaqugongju001

开始索引
0

步骤
1

信号值
0

最小值
0.00

最大值
0.00

描述
　　　　　　　☐ 隐藏　　　☐ 只读

确定　　取消

添加I/O Signals　?　×

信号类型
DigitalOutput　　☐ 自动复位

信号数量
1

信号名称
doVacuumOK

开始索引
0

步骤
1

信号值
0

最小值
0.00

最大值
0.00

描述
　　　　　　　☐ 隐藏　　　☐ 只读

确定　　取消

添加I/O Connection　?　×

源对象　　　　SC-zhuaqugongju001

源信号　　　　di zhuaqugongju001

目标对象　　　LineSensor

目标对象　　　Active

☐ 允许循环连接

确定　　取消

图 5-2-22-2　信号与连接参数设置

图 5-2-22-3　信号与连接参数设置

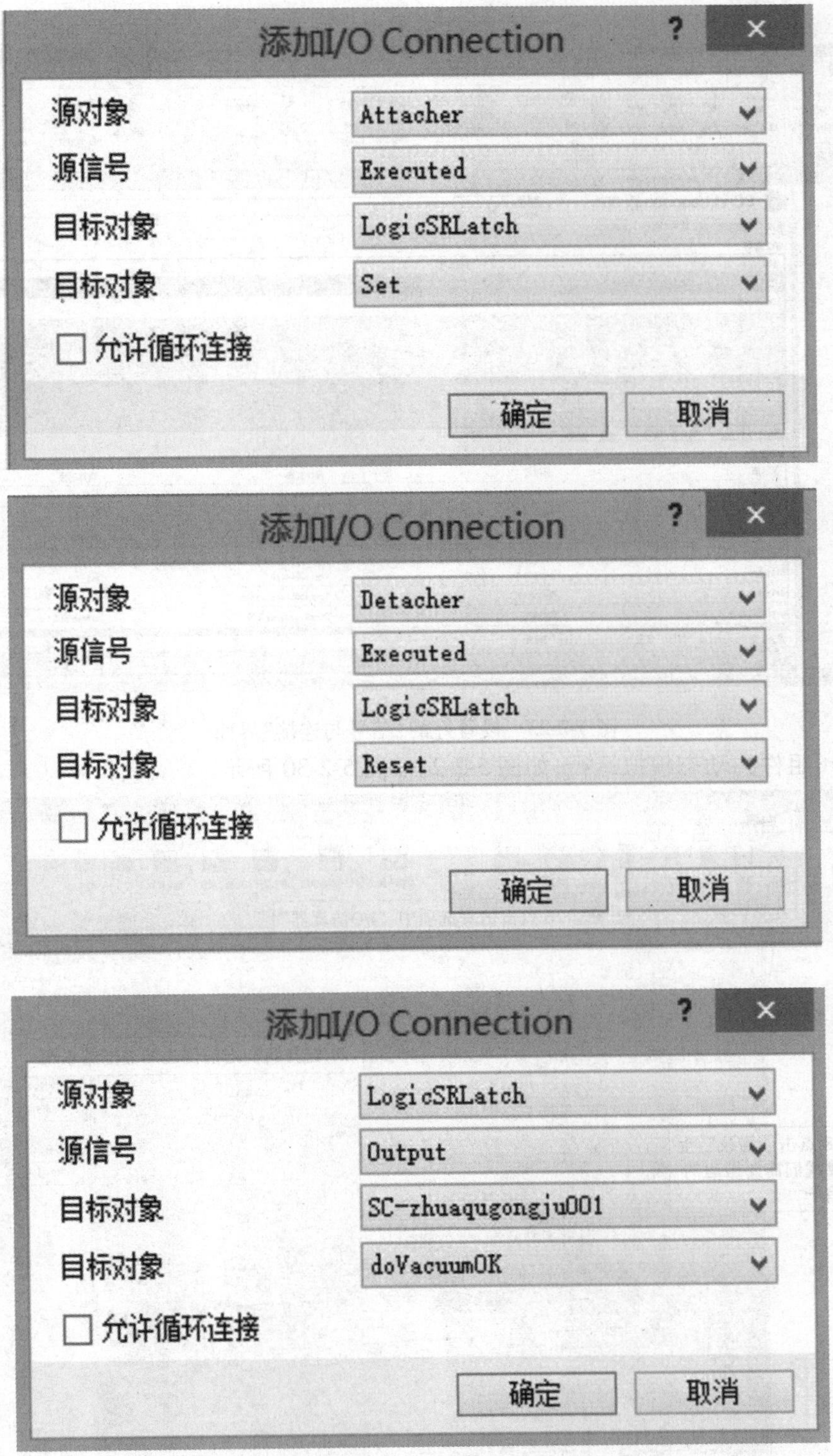

图 5-2-22-4　信号与连接参数设置

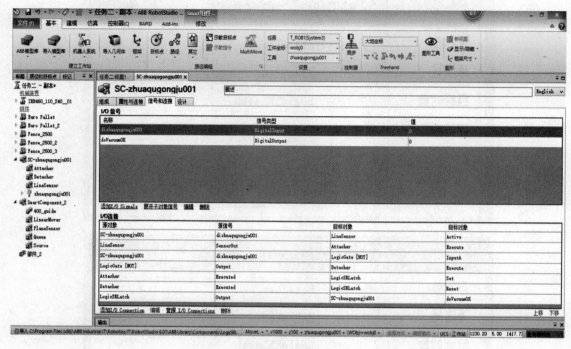

图 5-2-23　设置好的"信号与连接"界面

6. Smart 组件的动态模拟运行,如图 5-2-24—图 5-2-30 所示。

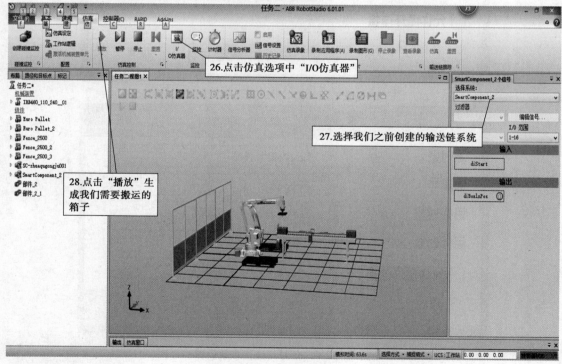

图 5-2-24　生成搬运的箱子

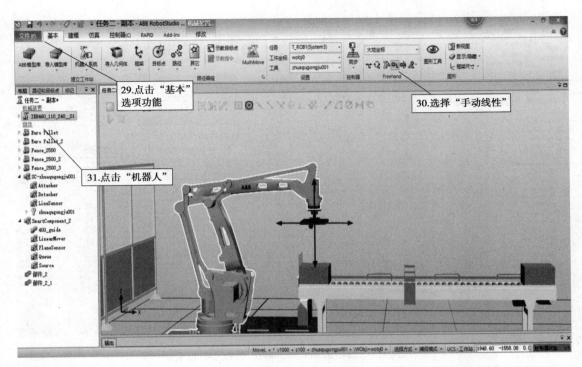

图 5-2-25　移动工具的设定

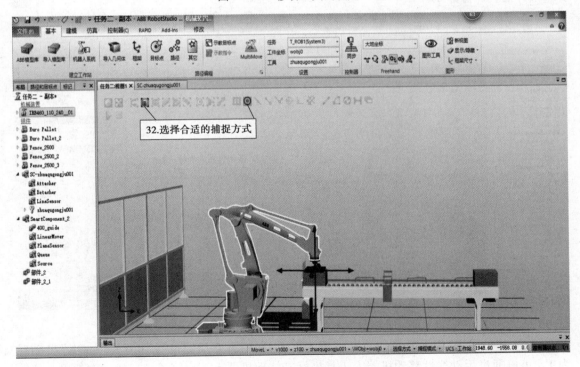

图 5-2-26　移动工具到抓取表面

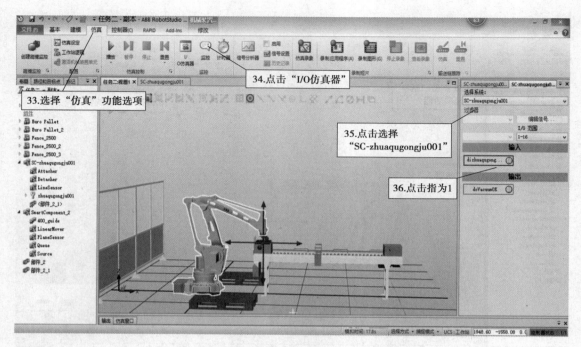

图 5-2-27　"SC-zhuaqugongju001"系统参数设置

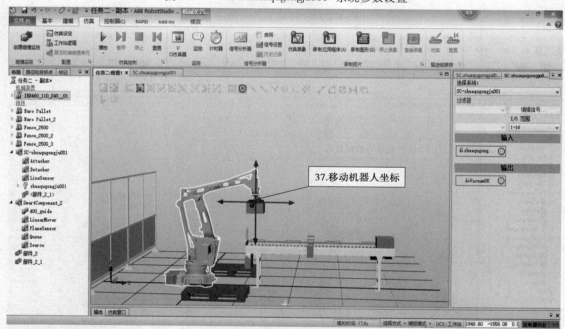

图 5-2-28　工件的搬运

说明：当工作站系统"dizhuaqugongjuoo1"置为 1 时，同时真空反馈信号"doVacuumOK"自动置为 1。可以通过手动线性移动机器人工具坐标来体现机器人抓取箱子搬运的动态效果。

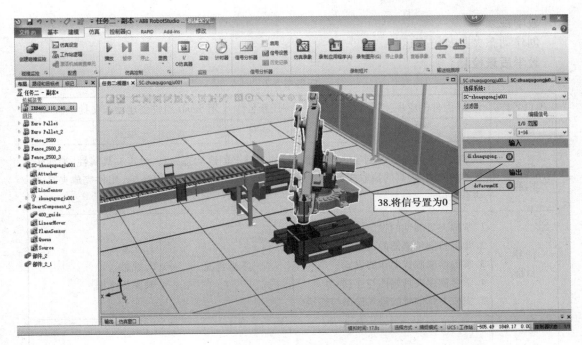

图 5-2-29　放置箱子

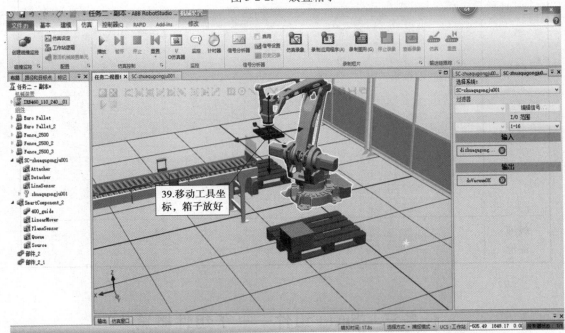

图 5-2-30　工具返回拾取位置

课后思考及练习

1. 完成动态夹具创建主要包含哪几个部分的内容?

2. 检测传感器与限位传感器有什么区别,如何创建?

3. 学生培养独立完成动态夹具创建的操作能力。

教学视频

创建动态夹具及仿真运行。

教学质量检测

任务书 5-2

项目名称	Smart 组件的应用			任务名称	用 Smart 组件创建动态夹具		
班级		姓名		学号		组别	
任务内容	本次任务在任务一创建的动态输送链的基础上创建动态夹具,设定夹具属性、检测传感器的检测、夹具的拾取放置动作、属性连接以及信号连接,利用 Smart 组件完成夹具的动态模拟						
任务目标	1. 掌握夹具属性的设定 2. 掌握检测传感器的设定 3. 掌握拾取放置动作的设定 4. 学会创建夹具属性与连接 5. 完成夹具信号的输入输出与连接			掌握情况		1. 了解 2. 熟悉 3. 熟练掌握	
任务实施总结							
教师评价							

任务三　Smart 组件——子组件概览

在前面的任务中,我们已经使用了 Smart 组件的功能实现工作站的动画效果。为了在以后的使用中,能够更好地发挥 Smart 组件的功能,在本次的学习任务中详细列出了 Smart"信号与属性""参数与建模""传感器""动作""本体""其他"等子组件内包含的内容名称及详细功能的说明。我们可以根据 Smart 组件旁边的注释详细了解各子件的功能。

知识点:

1."信号与属性"子组件,如图 5-3-1 所示。

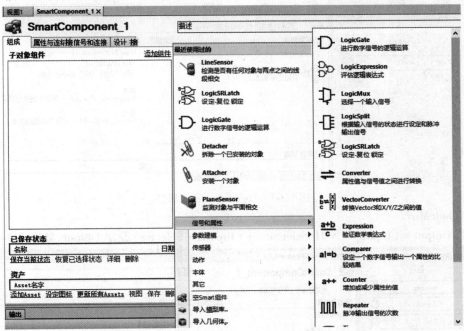

图 5-3-1　"信号与属性"子组件

(1) LogicGata

Output 信号由 InputA 和 InputB 这两个信号的 Operator 中指定的逻辑运算设置,如图5-3-2 所示。

图 5-3-2　LogicGata 属性

（2）LogicExpression（评估逻辑表达式），如图 5-3-3 所示。

图 5-3-3　LogicExpression 属性

（3）LogicMux

依照 Output =（InputA * NOT Selector）+（InputB * Selector）设定 Output，如图 5-3-4 所示。

图 5-3-4　LogicMux 属性

（4）LogicSplit

LogicSplit 获得 Input 并将 OutputHigh 设为与 Input 相同，将 OutputLow 设为与 Input 相反。Iput 设为 High 时，PulseHigh 发出脉冲；Input 设为 Low 时，PulseLow 发出脉冲，如图 5-3-5 所示。

图 5-3-5　LogicSplit 属性

（5）LogicSRLatch

用于置位/复位信号，并带锁定功能，如图 5-3-6 所示。

图 5-3-6　LogicSRLatch 属性

（6）Converter

在属性值和信号值之间转换，如图 5-3-7 所示。

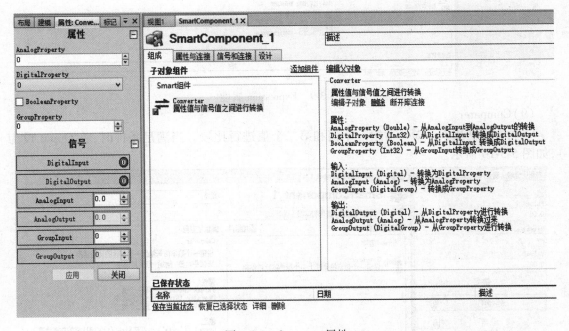

图 5-3-7　Converter 属性

（7）VectorConverter

在 Vector 和 X、Y、Z 值之间转换，如图 5-3-8 所示。

图 5-3-8　VectorConverter 属性

（8）Expression

验证数学表达式，如图 5-3-9 所示。

图 5-3-9　Expression 属性

（9）Comparer

Comparer 使用 Operator 对第一个值和第二个值进行比较。当满足条件时，将 Ouput 设为 1，如图 5-3-10 所示。

图 5-3-10　Comparer 属性

（10）Counter

设置输入信号 Increase 时，Count 增加；设置输入信号 Decrease 时，Count 减少；设置输入信号 Reset 时，Count 被重置，如图 5-3-11 所示。

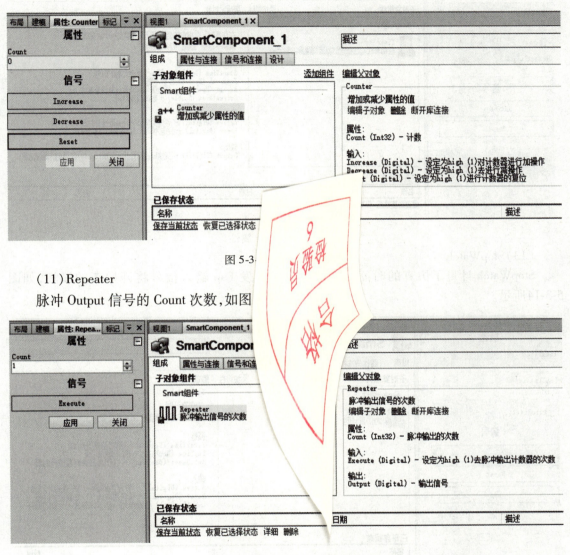

图 5-3-

（11）Repeater

脉冲 Output 信号的 Count 次数，如图

图 5-3-12　Repeater 属性

（12）Timer

Timer 用于指定间隔脉冲 Output 信号。如果未选中 Repeat，在 Interval 中指定的间隔后将触发一个脉冲；如果选中 Repeat，在 Interval 指定的间隔后重复触发脉冲，如图 5-3-13 所示。

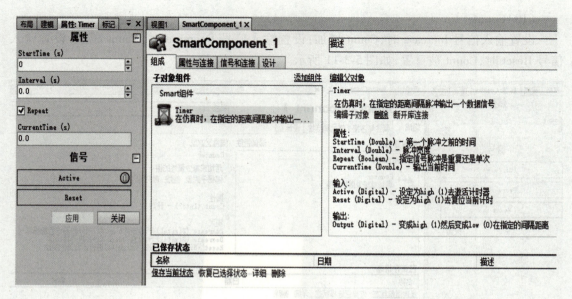

图 5-3-13　Timer 属性

（13）StopWatch

StopWatch 计量了仿真的时间（TotalTime）。触发 Lap 输入信号将开始新的循坏，如图 5-3-14所示。

图 5-3-14　StopWatch 属性

158

2. "参数与建模"子组件,如图 5-3-15 所示。

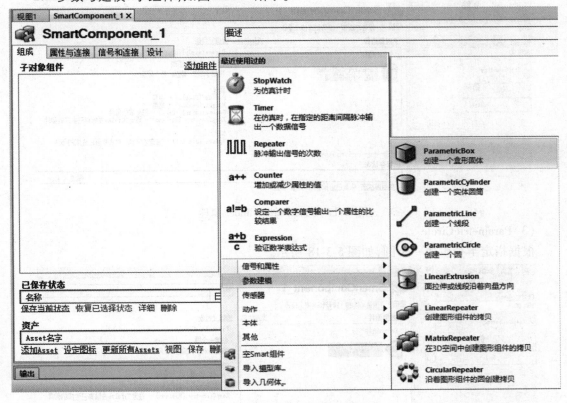

图 5-3-15　"参数建模"子组件

（1）ParametricBox

ParametricBox 生成一个指定长度、宽度、高度的方框,如图 5-3-16 所示。

图 5-3-16　ParametricBox 属性

（2）ParametricCylinder

根据给定半径和高度生成圆柱体,如图 5-3-17 所示。

图 5-3-17　ParametricCylinder 属性

（3）ParametricCircle

根据指定半径生成一个圆，如图 5-3-18 所示。

图 5-3-18　ParametricCircle 属性

（4）ParametricLine

根据给定端点和长度生成线段，如图 5-3-19 所示。

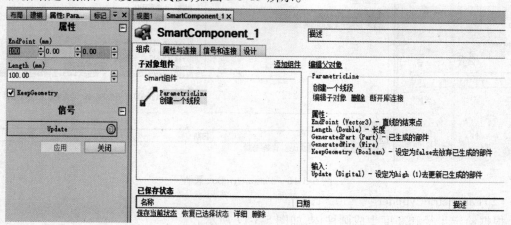

图 5-3-19　ParametricLine 属性

160

（5）LinearExtrusion

沿着指定的方向拉伸面或线段，如图 5-3-20 所示。

图 5-3-20   LinearExtrusion 属性

（6）LinearRepeater

根据 Offset 给定的方向以及 Distance 给定的距离进行线性复制，相当如线性阵列，如图 5-3-21所示。

图 5-3-21   LinearRepeater 属性

（7）CircularRepeater

根据给定的圆周半径以及角度对原对象复制，如图 5-3-22、图 5-3-23。

图 5-3-22   CircularRepeater 属性

161

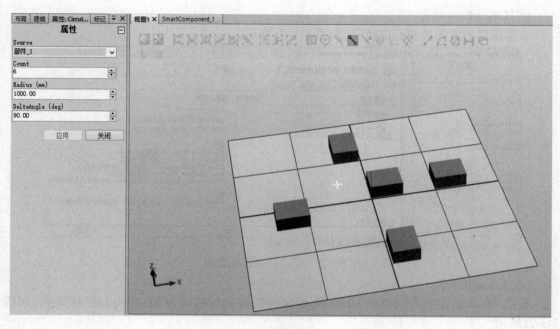

图 5-3-23　CircularRepeater 实例

（8）MatrixRepeater

在三维环境中以指定的间隔创建指定数量的对象，如图 5-3-24、图 5-3-25。

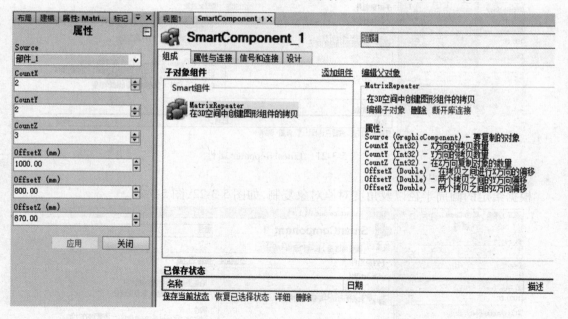

图 5-3-24　MatrixRepeater 属性

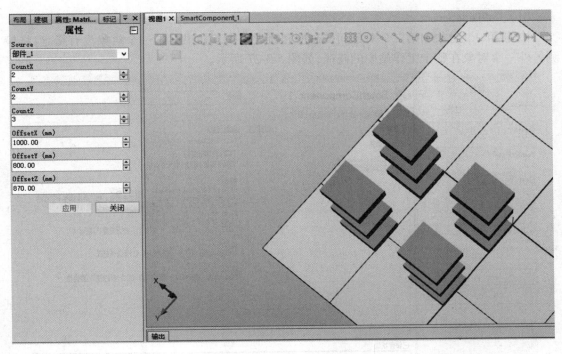

图 5-3-25　MatrixRepeater 实例

3."传感器"子组件,如图 5-3-26 所示。

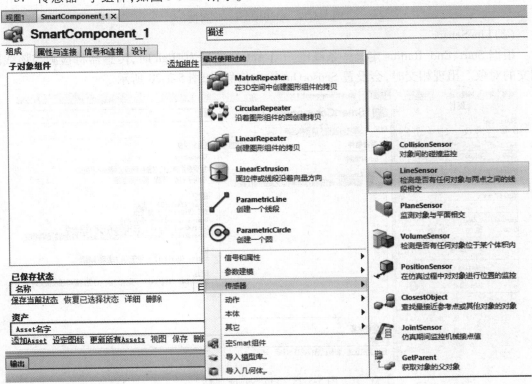

图 5-3-26　"传感器"子组件

（1）CollisionSensor

检测第一个对象和第二个对象间的碰撞和接近丢失。如果其中一个对象没有指定，将检测另外一个对象在整个工作站中的碰撞，如图 5-3-27 所示。

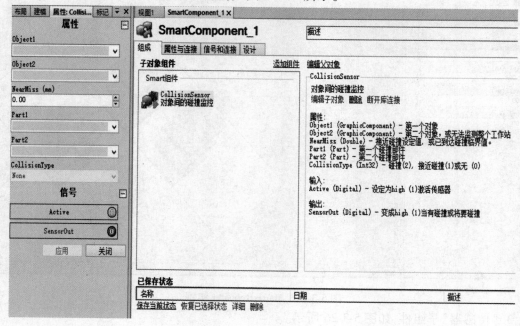

图 5-3-27　CollisionSensor 属性

（2）LineSensor

根据 Start、End、Radius 定义一条线段。当 Active 信号为 High 时，传感器将检测与该线段相交的对象。出现相交时，会设置 SensorOut 输出信号，如图 5-3-28 所示。

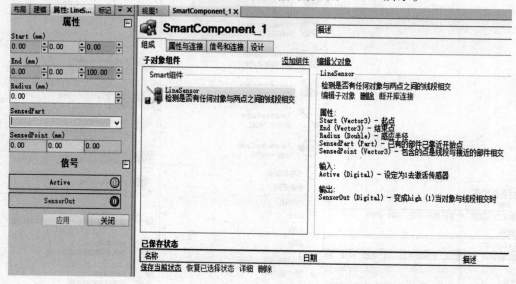

图 5-3-28　LineSensor 属性

（3）PlaneSensor

通过 Origin、Axis1 和 Axis2 定义平面。设置 Active 输入信号时，传感器会检测与平面相交的对象。前面输送链动态效果章节建立的限位传感器已有练习实例，如图 5-3-29 所示。

图 5-3-29　PlaneSensor 属性

（4）VolumeSensor

检测全部或部分位于箱型体积内的对象。体积用角点、边长、边高、变宽和方位角定义，如图 5-3-30 所示。

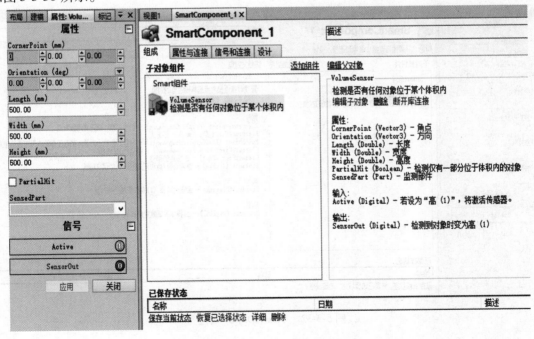

图 5-3-30　VolumeSensor 属性

（5）PositionSensor

监视对象的位置和方向，对象的位置和方向仅在仿真期间被更新，如图 5-3-31 所示。

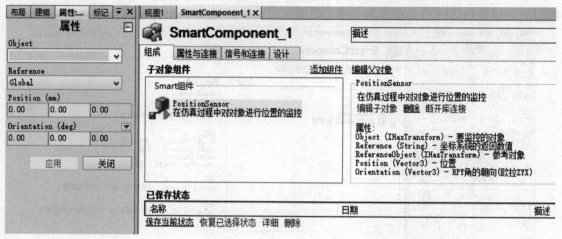

图 5-3-31　PositionSensor 属性

（6）ClosestObject

定义了参考对象或参考点。设置 Execute 信号时，组件会找到 ClosestObject、ClosestPart 和相对于参考对象或参考点的 Distance。如果定义了 RootObject，则会将搜索的范围限制为该对象和其他同源的对象。完成搜索并更新了相关属性时，将设置 Executed 信号，如图 5-3-32 所示。

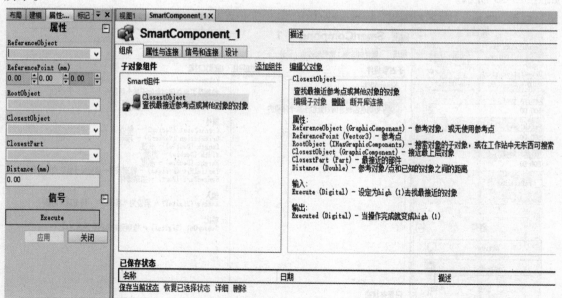

图 5-3-32　ClosestObject 属性

4."动作"子组件,如图 5-3-33

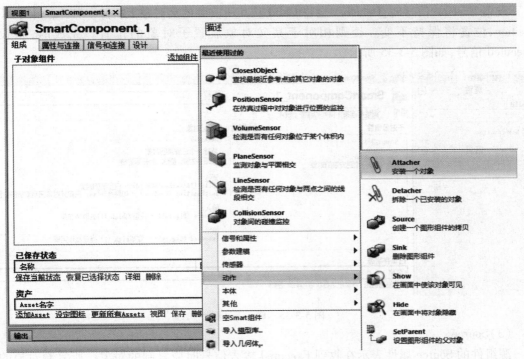

图 5-3-33　"动作"子组件

（1）Attacher

设置 Execute 信号时,Attacher 将 Child 安装到 Parent 上。如果 Parent 为机械装置,还必须指定要安装的 Flange。设置 Executed 输入信号时,子对象将安装到父对象上。如果选中Mount,还会使用指定的 Offset 和 Orientantion 将子对象装配到父对象上。完成时,将设置Executed 输出信号,如图 5-3-34 所示。

图 5-3-34　Attacher 属性

（2）Detacher

设置 Execute 信号时，Detacher 会将 Child 从其所安装的父对象上拆除。如果选中了 Keep position，位置将保持不变。否则相对于其父对象放置子对象的位置。完成时，将设置 Executed 信号，如图 5-3-35 所示。

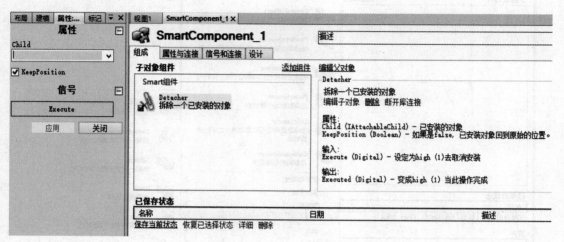

图 5-3-35　Detacher 属性

（3）Source

源组件的 Source 属性表示在收到 Executed 输入信号时应复制的对象。所复制对象的父对象有 Parent 属性定义，而 Copy 属性则指定对所复制对象的参考。输出信号 Executed 表示复制已完成，如图 5-3-36 所示。

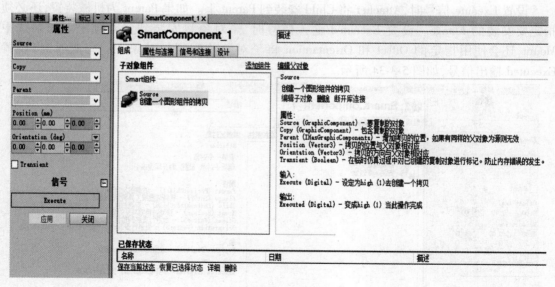

图 5-3-36　Source 属性

（4）Sink

删除 Object 属性参考的对象，如图 5-3-37 所示。

图 5-3-37　Sink 属性

（5）Show

设置 Executed 信号时，将显示 Object 中参考的对象。完成时，将设置 Executed 信号，如图 5-3-38 所示。

图 5-3-38　Show 属性

（6）Hide

设置 Executed 信号时，将隐藏 Object 中参考的对象。完成时，将设置 Executed 信号，如图 5-3-39 所示。

图 5-3-39　Hide 属性

5. "本体"子组件, 如图 5-3-40 所示。

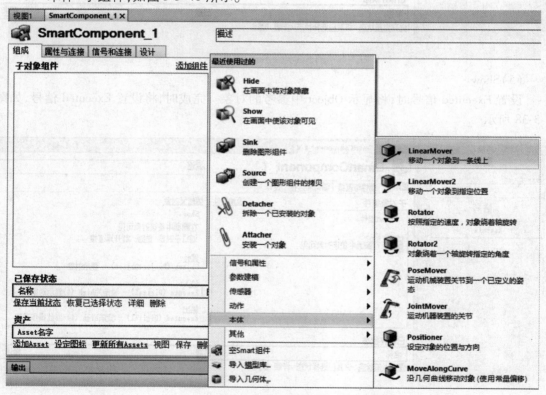

图 5-3-40　"本体"子组件

(1) LinearMover

按设定的 Speed 属性指定的速度, 沿 Direction 属性中指定的方向, 移动 Object 属性中参考的对象。设置 Executed 信号时开始移动, 重设 Executed 时停止, 如图 5-3-41 所示。

图 5-3-41　LinearMover 属性

（2）LinearMover2

将指定物体移动到指定位置，如图 5-3-42 所示。

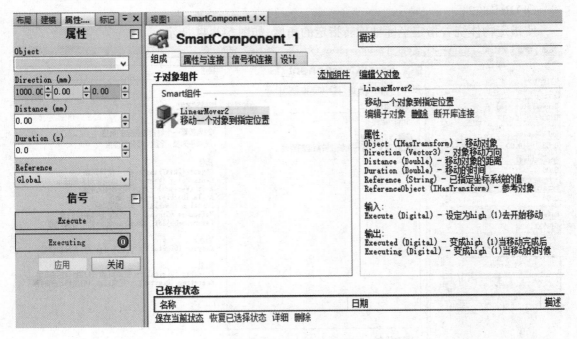

图 5-3-42　LinearMover2 属性

（3）Rotator

按设定的 Speed 属性指定的旋转速度旋转 Object 属性中参考对象。旋转轴通过 CenterPoint 和 Axis 进行定义。设置 Executed 信号时开始移动，重设 Executed 时停止，如图 5-3-43所示。

图 5-3-43 Rotator 属性

（4）Rotator2

使指定物体绕着指定坐标轴旋转指定的角度，如图 5-3-44 所示。

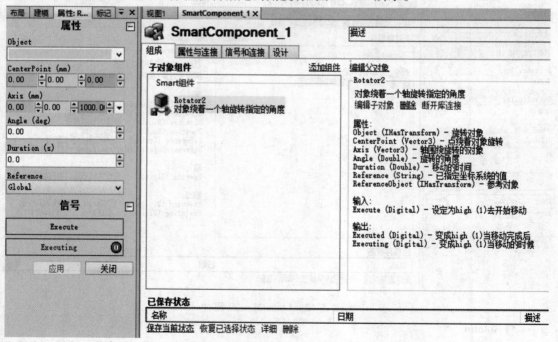

图 5-3-44 Rotator 属性

（5）PoseMover

设置 Execute 输入信号时，机械装置的关节值移向给定姿态。达到给定姿态时，设置
Executed 输出信号，如图 5-3-45 所示。

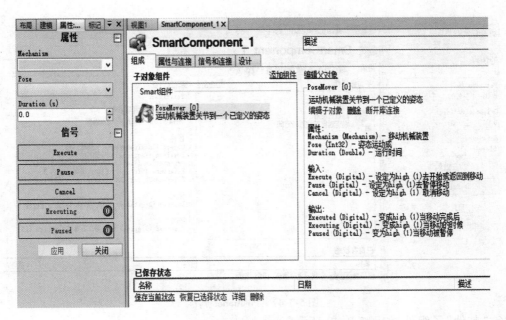

图 5-3-45　PoseMove 属性

（6）JointMove

包含机械装置、关节值和执行时间等属性。当设置 Execute 信号时，机械装置的关节向给定的位姿移动。当达到位姿时，使 Executed 输出信号。使用 GetCurrent 信号可以重新找回机械装置当前的关节值，如图 5-3-46 所示。

图 5-3-46　JointMove 属性

（7）Positioner

包含对象、位置和方向属性。设置 Execute 信号时，开始将对象向相对于 Rerference 的给定位置移动。完成时设置 Executed 输出信号，如图 5-3-47 所示。

图 5-3-47　Positioner 属性

6. "其他"子组件,如图 5-3-48 所示。

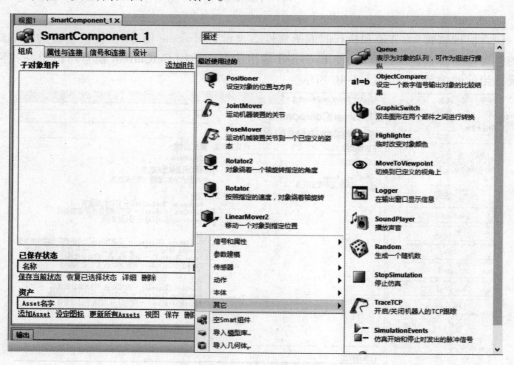

图 5-3-48　"其他"子组件

（1）Queue

表示 FIFO（first in,first out）队列。当信号 Enqueue 被设置时,在 Back 中的对象将被添加到队列中。队列前端对象将显示在 Front 中。当设置 Dequeue 信号时,Front 对象将从队列中移除。如果队列中有多个对象,下一个对象将显示在前端。如果 Transformer 组件以 Queue 组件作为对象,该组件将转换 Queue 组件中的内容而非 Queue 组件本身,如图 5-3-49 所示。

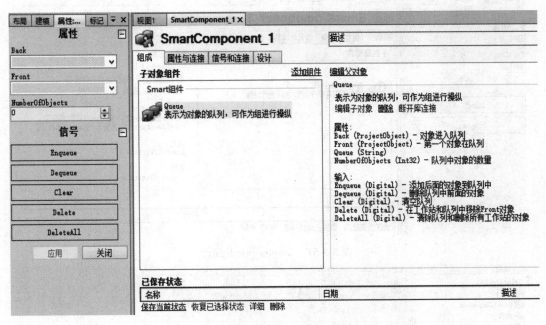

图 5-3-49　Queue 属性

（2）ObjectComparer

设定一个数字信号输出对象的比较结果。比较 ObjectA 是否与 ObjectB 相同，如图 5-3-50所示。

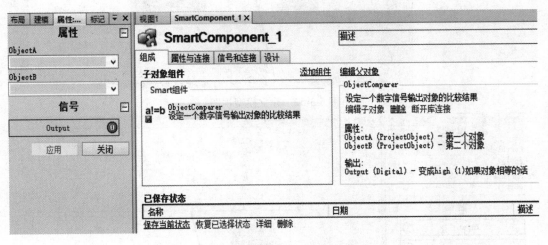

图 5-3-50　ObjectComparer 属性

（3）GraphicSwitch

通过双击图形中的可见部件或设置输入信号在两个部件之间转换，如图 5-3-51—图5-3-54所示。

图 5-3-51　GraphicSwitch 属性

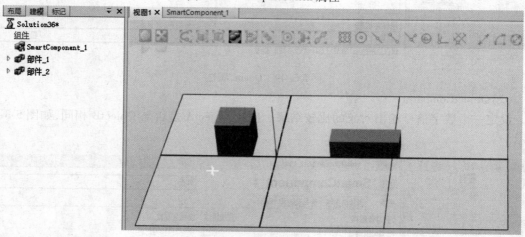

图 5-3-52　建立模型视图

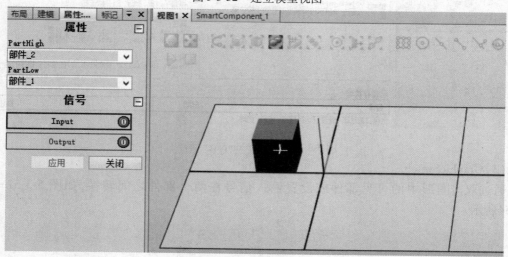

图 5-3-53　Input 设置为 0 时部件 1 可见

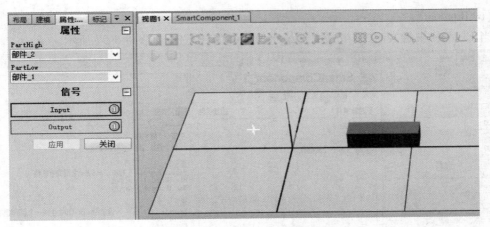

图 5-3-54　Input 设置为 1 时部件 2 可见

（4）Highlighter

临时将所选对象显示为定义 RGB 值的高亮色彩。高亮色彩混合了对象的原始色彩，通过 Opacity 进行定义。当信号 Active 被重设，对象恢复原始色彩，如图 5-3-55 所示。

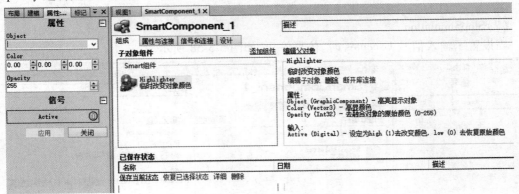

图 5-3-55　Highlighter 属性

（5）Logger

打印输出窗口的信息，如图 5-3-56 所示。

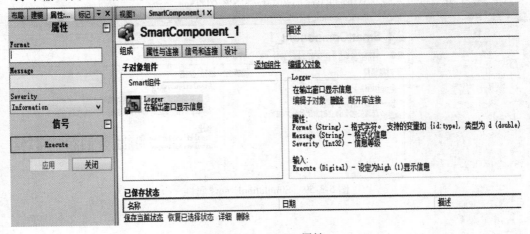

图 5-3-56　Logger 属性

（6）Random

当 Execute 被触发时，生成最大值最小值之间的任意值，如图 5-3-57 所示。

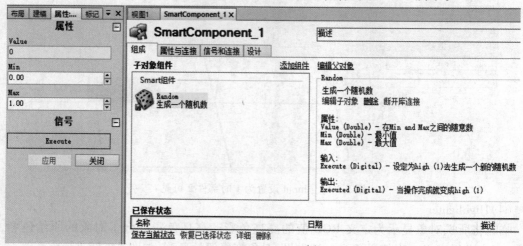

图 5-3-57　Random 属性

（7）StopSimulation

当设置了输入信号 Executes 时，仿真停止，如图 5-3-58 所示。

图 5-3-58　StopSimulation 属性

（8）SimulationEvents

在仿真开始与停止时，发出脉冲信号，如图 5-3-59 所示。

图 5-3-59　SimulationEvents 属性

课后思考及练习

Smart 组件的数量、功能都比较多,有的意义相差很近,需要学生去仔细理解它们的含义。能够在 RobotStudio 仿真软件上进行训练,在实际操作中理解这些组件的功能。

教学质量检测

任务书 5-3

项目名称	Smart 组件的应用			任务名称		Smart 组件—子组件概览		
班级		姓名		学号			组别	
任务内容	本任务的学习内容是 Smart 组件"信号与属性""参数与建模""传感器""动作""本体"和"其他"六个子组件包含的内容及应用。							
任务目标	1.熟悉六个子组件所包含的内容 2.能够练习操作使用子组件			掌握情况		1.了解 2.熟悉 3.熟练掌握		
任务实施总结								
教师评价								

项目六

带导轨和变位机的机器人系统创建与应用

任务一　创建带导轨的机器人系统

任务描述

在工业应用过程中，为机器人系统配备导轨，可大大增加机器人的工作范围。在处理多工位及较大工件时有着广泛的应用。在本任务中，将练习如何在 RobotStudio 软件中创建带导轨的机器人系统，创建简单的轨迹并仿真运行。

技能训练

创建带导轨的机器人系统，并通过示教目标点创建运行轨迹，培养学生组合设备运行操作的技能。

1. 在工作站导入相应的设备，如图 6-1-1—图 6-1-5-2 所示。

图 6-1-1　创建工作站

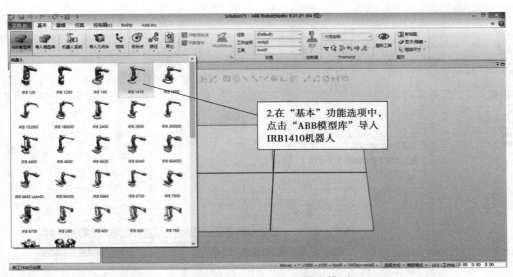

图 6-1-2　导入 IRB1410 机器人模型

　　机器人模型选择我们实验室常见的 IRB1410 机器人。IRB1410 机器人具有弧焊、装配、上胶/密封、机械管理、物料搬运等多种生产应用功能。

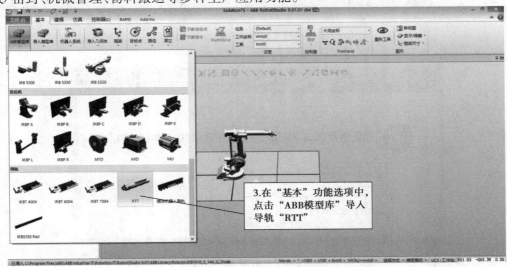

图 6-1-3-1　导入机器人导轨 RTT

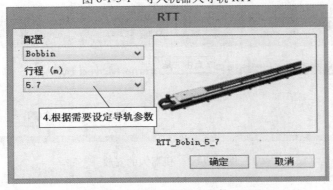

图 6-1-3-2　导入机器人导轨 RTT

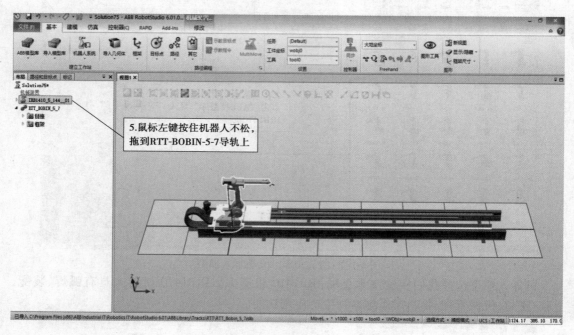

图 6-1-4-1　机器人的安放

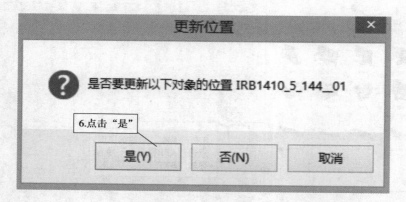

图 6-1-4-2　机器人的安放

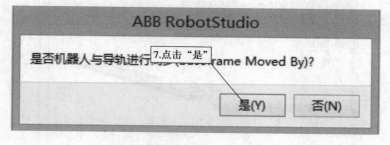

图 6-1-4-3　机器人的安放

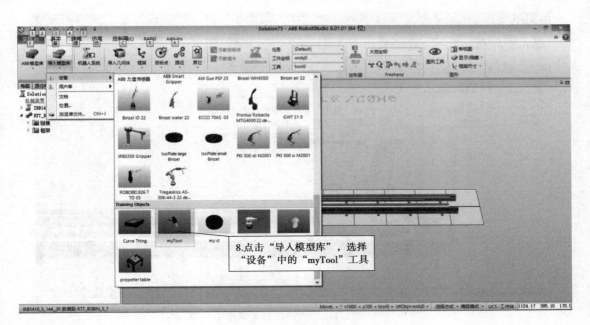

图 6-1-5-1　加载机器人工具

鼠标左键选中"myTool"工具不松,拖到 IRB1410 机器人上,出现以下菜单,点击"是",完成加工工具的安装操作。

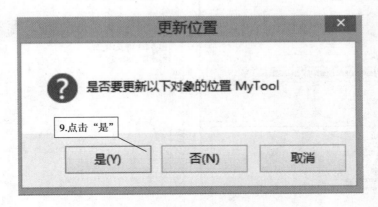

图 6-1-5-2　加载机器人工具

2. 生成机器人系统

选择好相应的设备并安装完成后,可以点击机器人系统,选择"从布局…"创建机器人系统。选择"从布局…"创建机器人系统在创建的过程中,会自动添加相应的控制选项以及驱动选项,不需要自己配置,如图 6-1-6—图 6-1-10 所示。

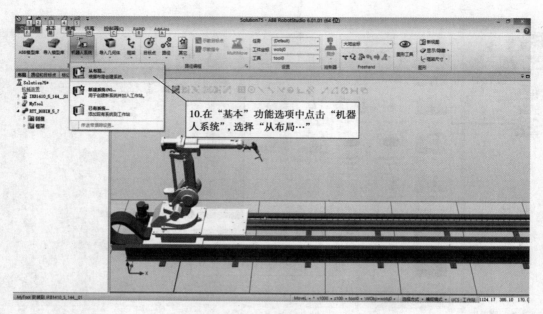

图 6-1-6 生成机器人系统

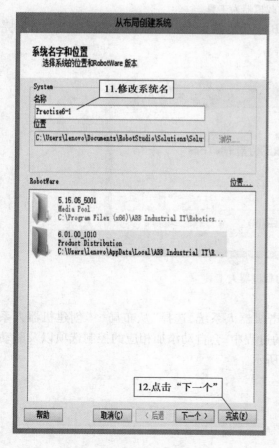

图 6-1-7 修改系统名称

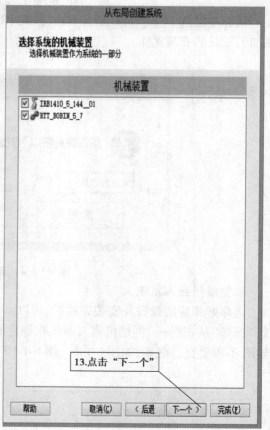

图 6-1-8 选择机械装置

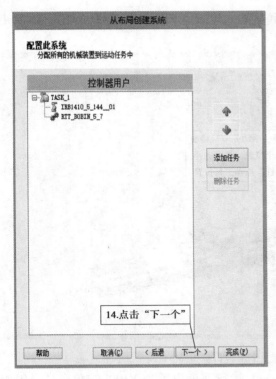

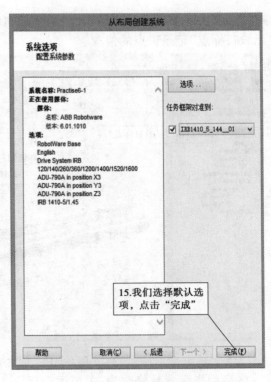

图 6-1-9　选择控制器　　　　　　　　　图 6-1-10　完成系统创建

3. 生成仿真运行轨迹

我们根据需要创建几个示教目标点,建立仿真运行程序,观察机器人与导轨同步运行。机器人和导轨都处于坐标的机械原点,我们记录这个位置为第一个示教目标点,如图 6-1-11 所示。

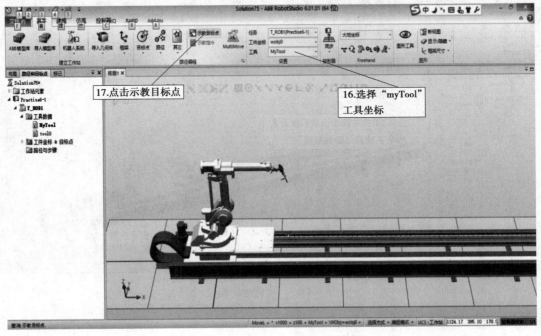

图 6-1-11　创建第一个示教目标点

通过"手动关节"与"手动线性"移动导轨和机器人位置到如图 6-1-12 所示的位置,点击"示教目标点"记录该点的位置。

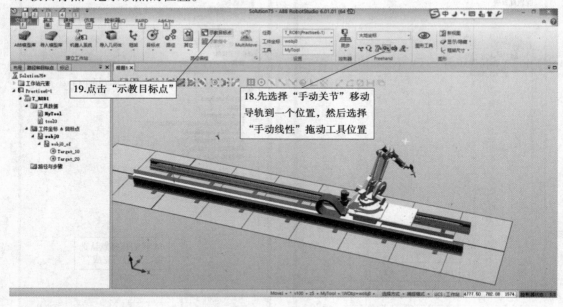

图 6-1-12　创建第二个示教目标点

将运动指令参数修改为:关节运动指令 MoveJ,运行速度设置为 V100,转角半径设置为 z5,如图 6-1-13 所示;然后选中示教目标点,生成运行轨迹,并进行运行仿真播放,如图 6-1-14—图 6-1-20 所示。

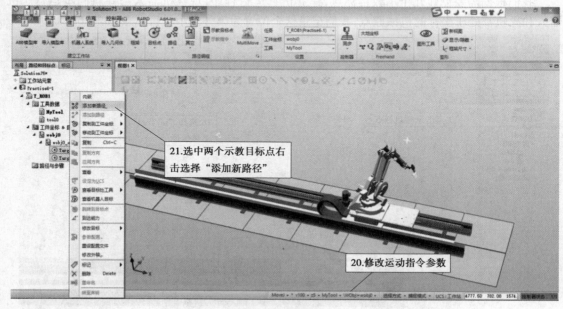

图 6-1-13　生成运动路径

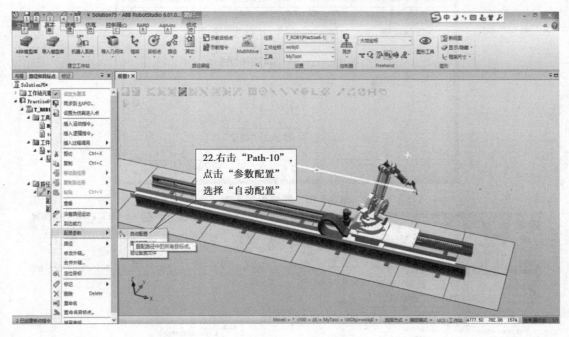

图 6-1-14　配置运动轨迹参数

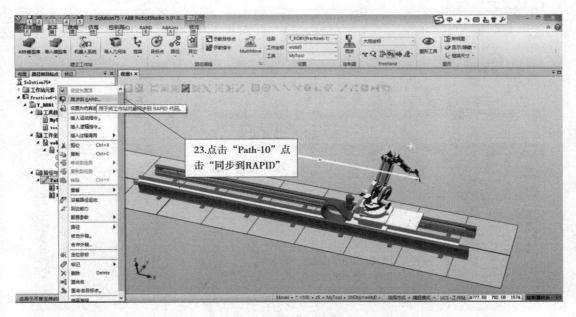

图 6-1-15　同步到 RAPID

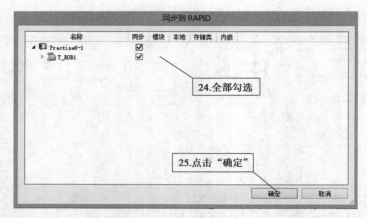

图 6-1-16 同步程序选项

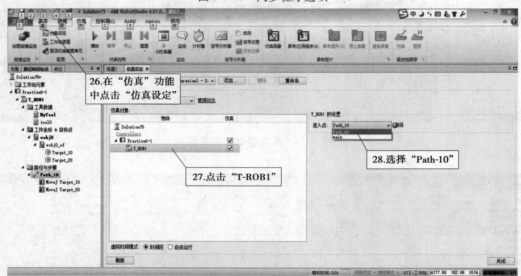

图 6-1-17 仿真设定

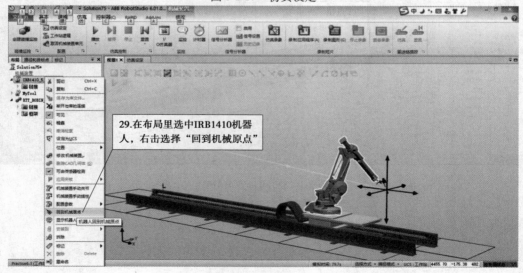

图 6-1-18 机器人回原点

图 6-1-19　导轨回到机械原点

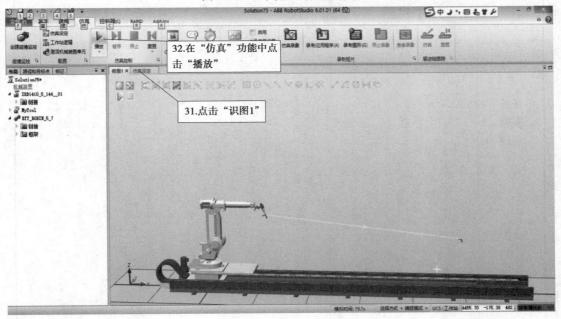

图 6-1-20　轨迹运行仿真播放

课后思考及练习

1. 机器人系统配合导轨运行会有哪些变化?

2. 练习创建带导轨的机器人系统的操作。

教学视频

创建带导轨的机器人系统并进行简单的仿真运行的技能操作。

教学质量检测

任务书 6-1

项目名称	带导轨和变位机的机器人系统的创建与应用		任务名称	创建带导轨的机器人系统	
班级		姓名	学号		组别	
任务内容	学习在 RobotStudio 仿真软件中为机器人加载导轨，创建简单的运行轨迹，仿真运行机器人在导轨上的运动。				
任务目标	1. 加载机器人模型与导轨。 2. 创建运行轨迹，让机器人在导轨上运动。		掌握情况	1. 了解 2. 熟悉 3. 熟练掌握	
任务实施总结					
教师评价					

任务二 创建带变位机的机器人系统

任务描述

在机器人应用中,变位机可改变加工工件的姿态,从而增大了机器人的工作范围,在焊接、切割等领域有着广泛的应用。本任务以需要改变加工工件的姿态从而快速完成焊接任务的实践生产任务仿真训练为过程练习创建带变位机的机器人系统。

技能训练

1. 创建带变位机的机器人系统

我们以实验室常见的 IRB1410 弧焊机器人为模型创建带变位机的机器人系统,如图6-2-1—图 6-2-21 所示。

图 6-2-1 点击新建创建工作站

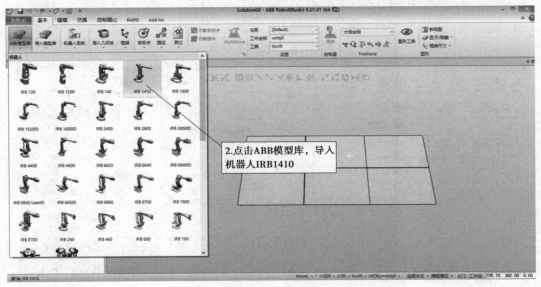

图 6-2-2 导入机器人 IRB1410

2. 设定机器人的位置并创建机器人基座垫块

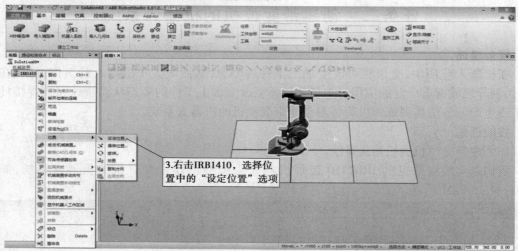

图 6-2-3　设定机器人位置

为了配合变位机的位置摆放，我们将机器人的底座向 Z 轴正方向移动 400。

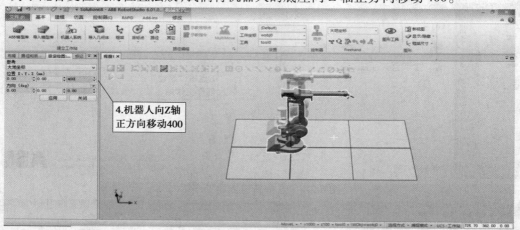

图 6-2-4　设定位置参数

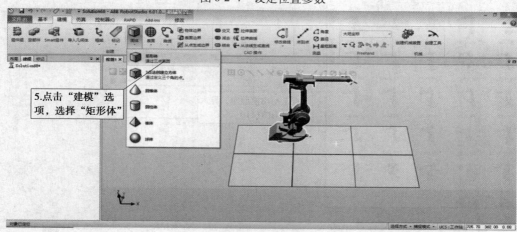

图 6-2-5　创建机器人底座模块

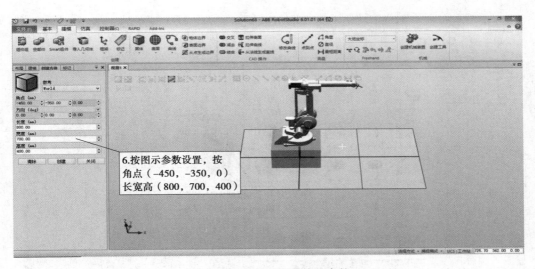

图 6-2-6　设置基座垫块的参数

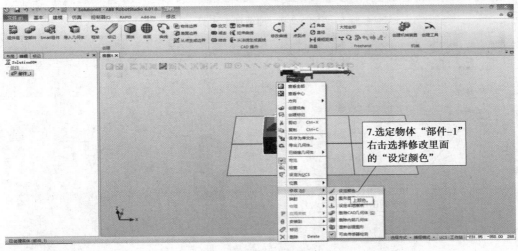

图 6-2-7　修改基座颜色

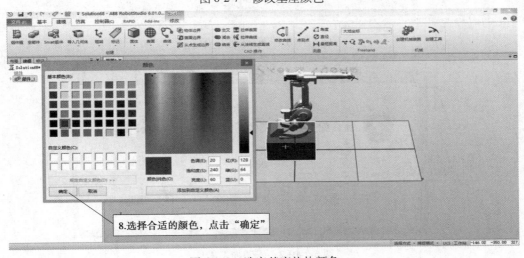

图 6-2-8　选定基座垫块颜色

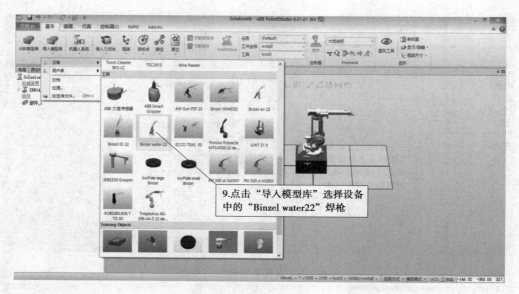

图 6-2-9　加载加工工具

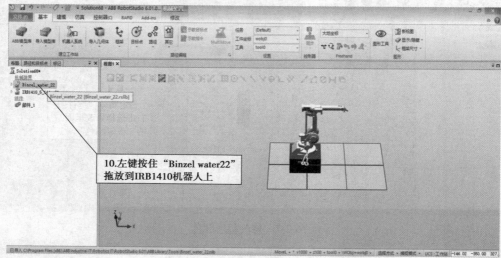

图 6-2-10-1　安装加工工具

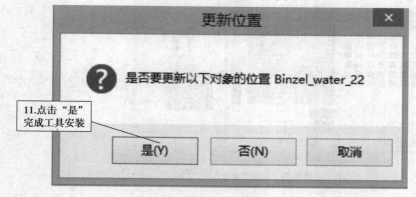

图 6-2-10-2　安装加工工具

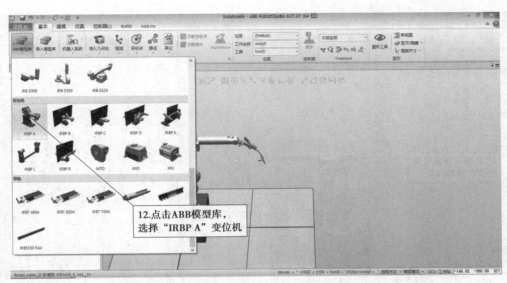

图 6-2-11-1　导入变位机设备

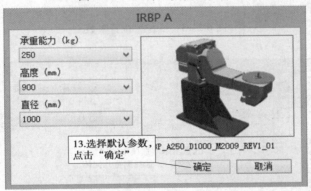

图 6-2-11-2　导入变位机设备

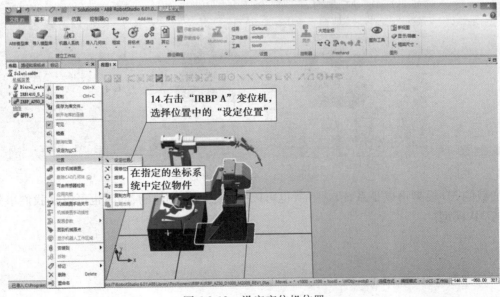

图 6-2-12　设定变位机位置

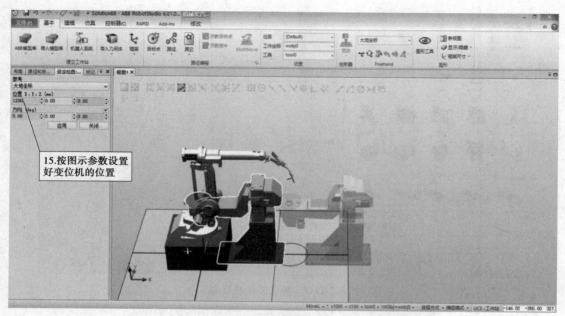

图 6-2-13　变位置位置参数

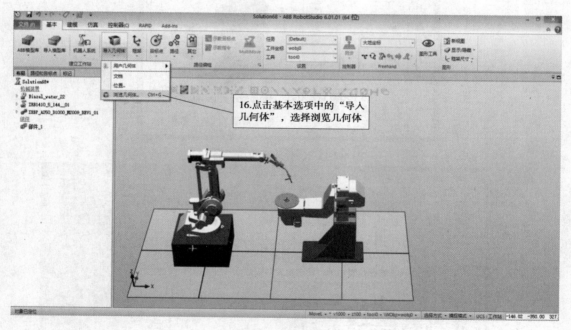

图 6-2-14　导入加工对象

　　加载的 3D 模型可以是系统自带的,也可以是通过建模创建的,同时也可以是我们事先创建好的 3D 模型。

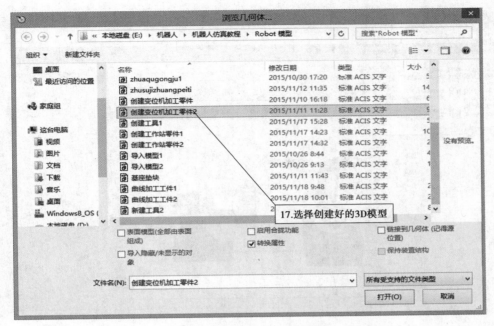

图 6-2-15　选择 3D 加工模型

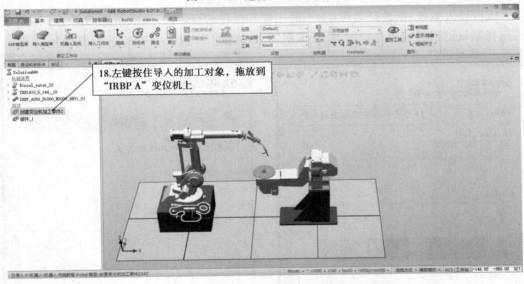

图 6-2-16-1　加工对象安放到变位机上

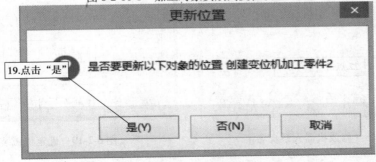

图 6-2-16-2　加工对象安放到变位机上

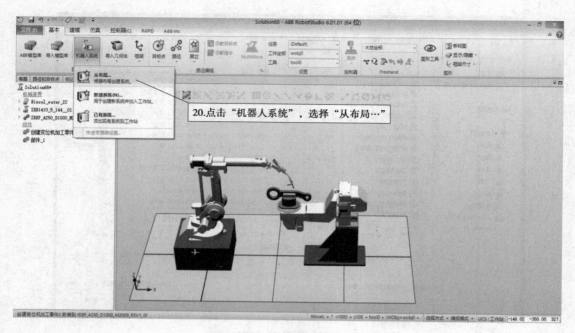

图 6-2-17　生成机器人系统

生成机器人系统:修改好名称(为了通用性和保存的有效性,生成系统的名字一般写成英文),选择默认的机械装置与控制器,完成机器人系统的创建。

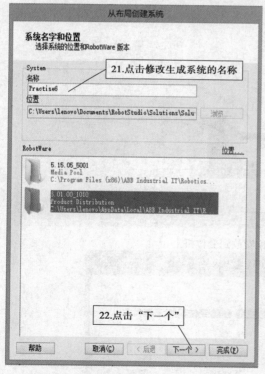

图 6-2-18　修改机器人系统名字

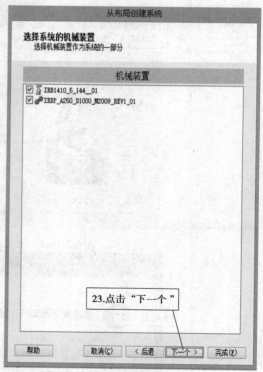

图 6-2-19　确定机械装置

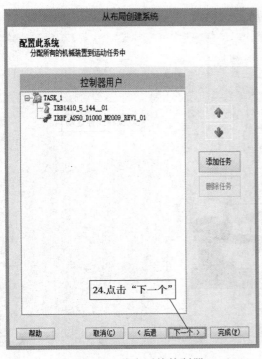

图 6-2-20 确定系统控制器　　　　图 6-2-21 完成系统的生成

3. 创建机器人运行轨迹参数及运行程序

（1）激活变位机机械装置单元

说明：在带变位机的机器人系统中示教目标点时，需要保证变位机是激活状态，才可以同时将变位机的数据记录下来，如图 6-2-22 所示。

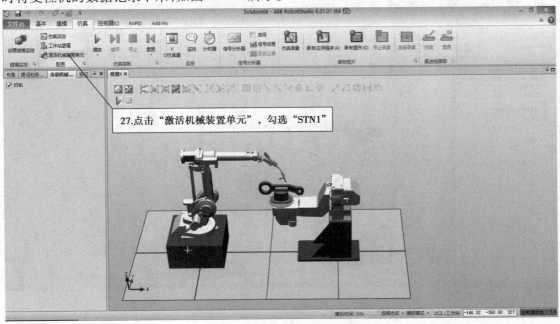

图 6-2-22 激活变位机

（2）创建运行轨迹示教目标点，如图 6-2-23 所示。

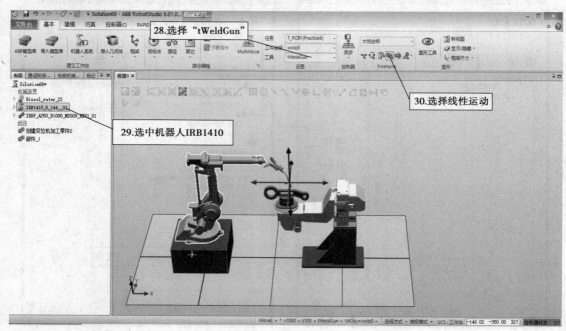

图 6-2-23　调整工具姿态

在重定位运动模式下，调整工具姿态，使其大致垂直于加工对象安放平台，如图 6-2-24、图 6-2-25 所示。

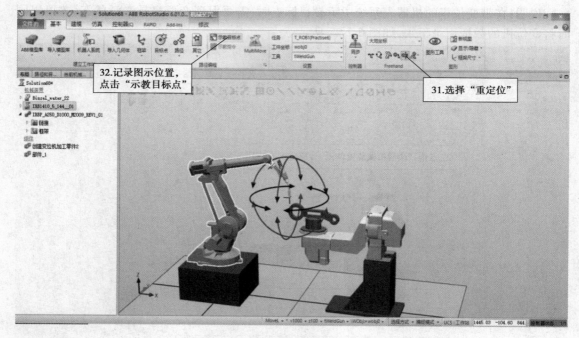

图 6-2-24　创建第一个示教目标点

图 6-2-25　调整变位机姿态

关节参数设为 90°，点击"示教目标点"记录第二个运动轨迹位置，如图 6-2-26、图 6-2-27 所示。

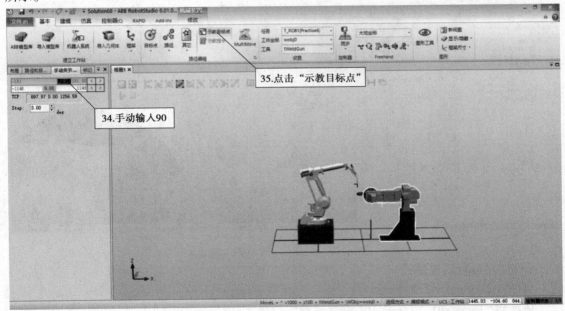

图 6-2-26　创建第二个示教目标点

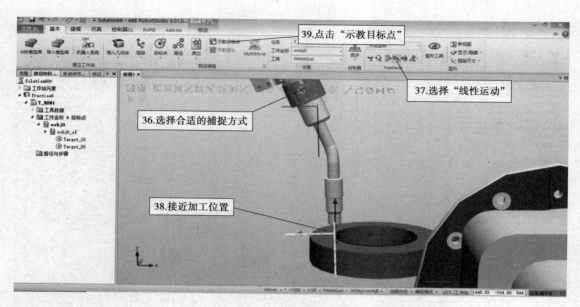

图 6-2-27　工具接近加工对象

通过线性运动,依次在需要加工的圆弧上捕捉五个点,如图 6-2-28 所示。

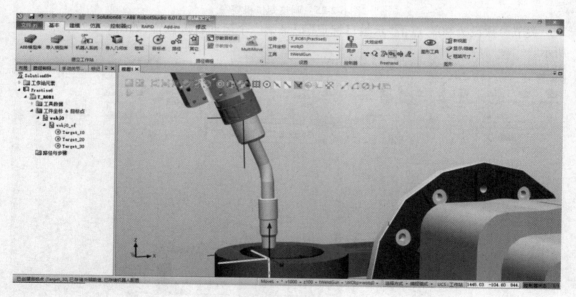

图 6-2-28　创建第三个示教目标点

(3)创建运行轨迹路径

如图 6-2-29、图 6-2-30 所示。

依次将"Target-20""Target-10"拖放到对应位置,完成运动指令的添加,如图 6-2-31 所示。

根据实际情况将直线运动指令修改为圆弧运动指令:图示"MoveL Target-40"和"MoveL Target-50"、"MoveL Target-60"和"MoveL Target-70"、"MoveL Target-80"和"MoveL Target-30",如图 6-2-32 所示。

202

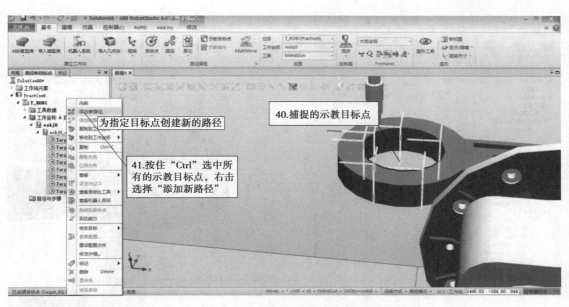

图 6-2-29　完成运行路径的创建

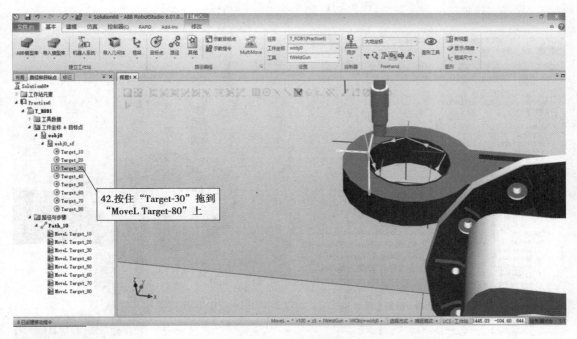

图 6-2-30　添加运动指令

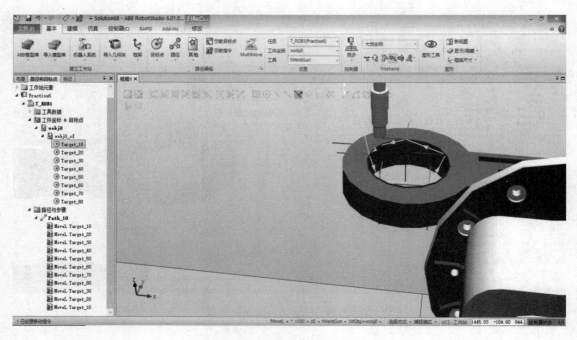

图 6-2-31　完成运动指令的添加

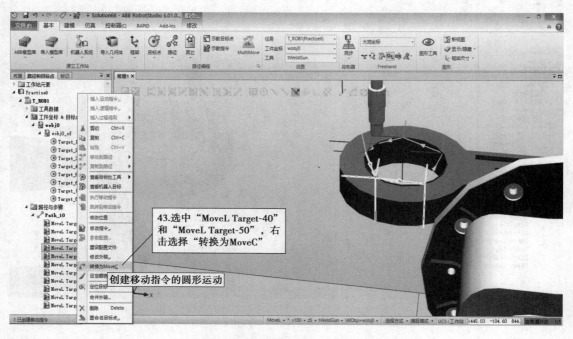

43.选中 "MoveL Target-40" 和 "MoveL Target-50"，右击选择 "转换为MoveC"

创建移动指令的圆形运动

图 6-2-32　修改相应的运动指令 1

将第一条"MoveL Target-10"第二条"MoveL Target-20"以及最后一条"MoveL Target-10"运动指令修改为"MoveJ Target-10"，"MoveL Target-20"，"MoveL Target-10"运动指令，如图 6-2-33、图 6-2-34 所示。

204

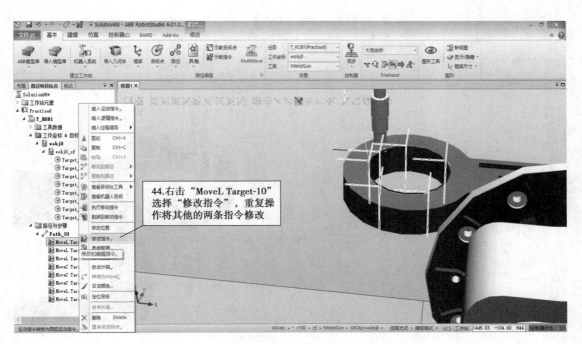

图 6-2-33　修改相应的运动指令 2

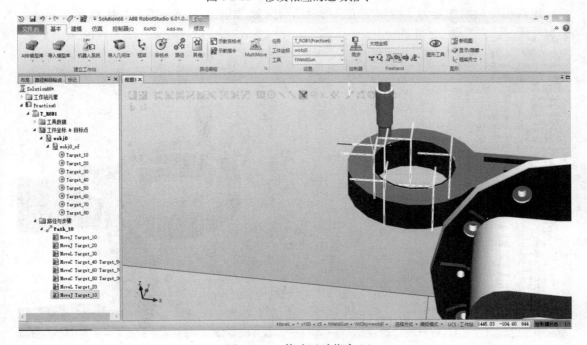

图 6-2-34　修改运动指令 3

　　将加工工件表面起始位置的运动半径设置为"fine"，即"MoveL Target-30"以及"Move Target-80 Target-30"运动转弯半径设置为"fine"，如图 6-2-35 所示。

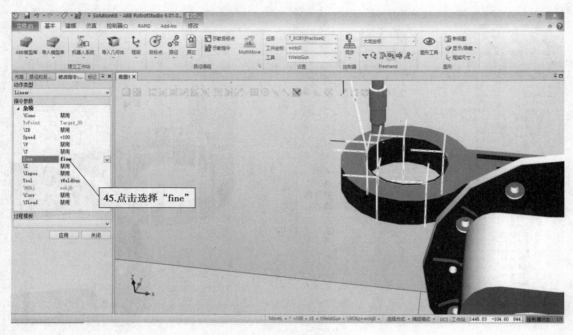

图 6-2-35　修改运动指令 4

逻辑指令的添加是为了控制变位机的激活与失效,如图 6-2-36—图 6-2-41 所示。

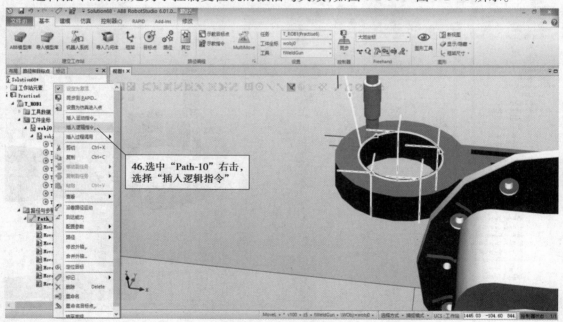

图 6-2-36　插入逻辑指令 1

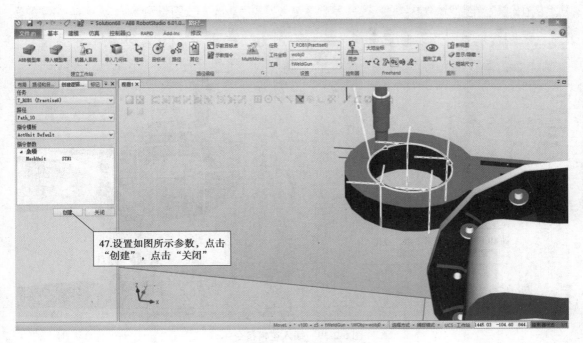

图 6-2-37　插入逻辑指令 2

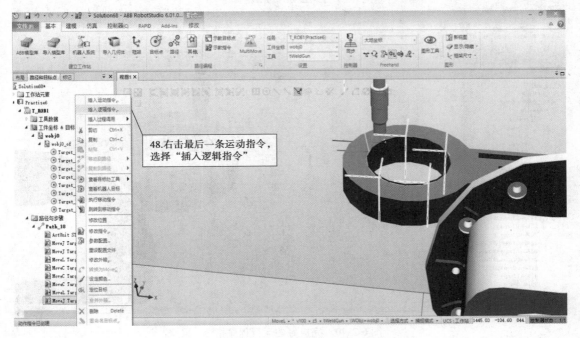

图 6-2-38　插入逻辑指令 3

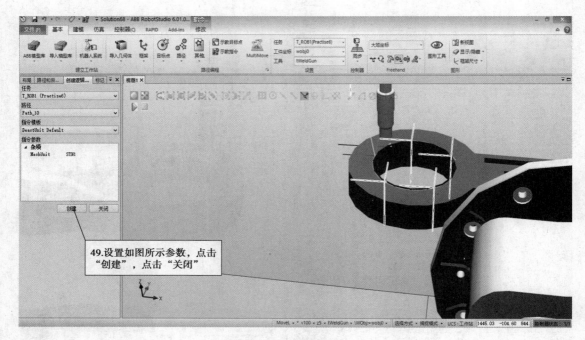

49.设置如图所示参数，点击"创建"，点击"关闭"

图 6-2-39　插入逻辑指令 4

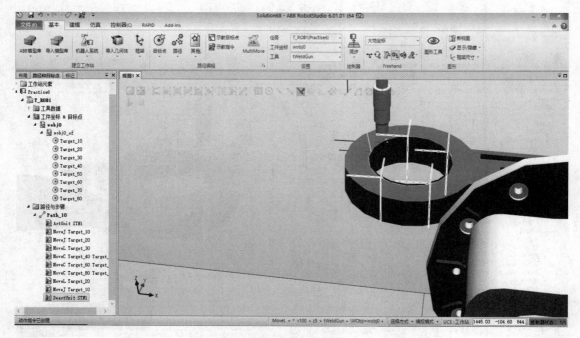

图 6-2-40　完成好的运行程序指令

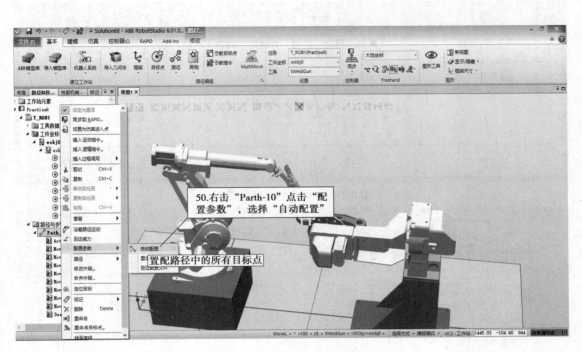

图 6-2-41　运行轨迹配置参数

4. 仿真运行,如图 6-2-42—图 6-2-45 所示。

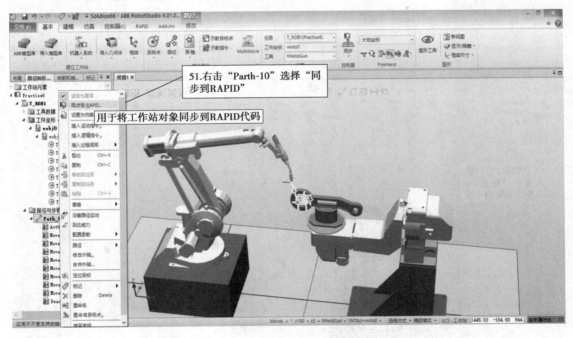

图 6-2-42　同步到 RAPID

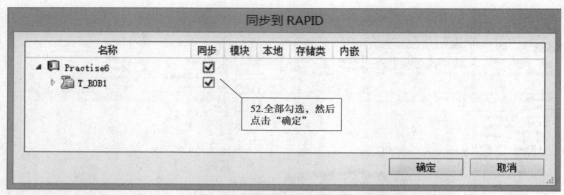

图 6-2-43　同步到 RAPID 设置

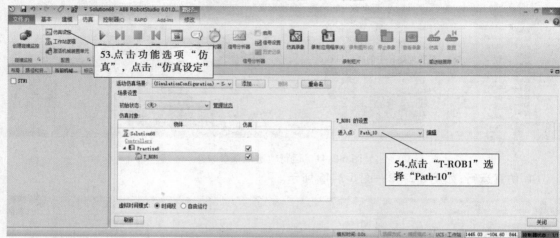

图 6-2-44　仿真设定

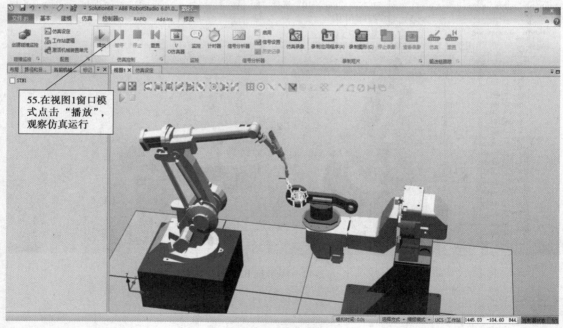

图 6-2-45　仿真播放

课后思考及练习

1. 变位机系统运用主要是解决机器人生产运用哪些方面的问题?

2. 如何让机器人系统与变位机系统产生联动效果?

3. 独自完成带变位机的机器人系统的创建。

教学视频

创建带变位机的机器人系统。

教学质量检测

任务书 6-2

项目名称	带导轨和变位机的机器人系统的创建与应用		任务名称	创建带变位机的机器人系统	
班级		姓名		学号		组别	
任务内容	学习创建带变位机的机器人系统。为变位机上的加工零件创建运行轨迹并进行仿真运行。				
任务目标	1. 了解变位机的应用 2. 学会创建带变位机的机器人系统		掌握情况	1. 了解 2. 熟悉 3. 熟练掌握	
任务实施总结					
教师评价					

项目七

RobotStudio **仿真软件的虚拟示教器**

任务一   打开虚拟示教器并进行手动操作

任务描述

虚拟示教器与我们的实际示教器保持了一样的操作界面,便于同学们展开实训教学任务的实施。在许多情况下,我们实验的实训设备的数量并不能满足一个学生操作一台机器人操作的情况。仿真软件的虚拟示教器功能操作能够满足我们实训设备稀缺的情况。因此,我们需要熟悉仿真软件的虚拟示教器,在示教器上完成对机器人的操作,从而真正完成机器人的技能操作。虚拟示教器只有在创建好的工业机器人系统中才能打开。所以我们必须先创建工作站,生成机器人系统。

技能训练

在仿真软件中创建机器人工作站的系统,打开虚拟示教器并进行机器人的手动操作技能训练。

1. 完成工作站模型的导入

如图 7-1-1—图 7-1-4 所示。

2. 创建加工模型

为了方便后面的创建工具数据、共建坐标以及有效载荷数据 3 个关键程序参数的设置,我们利用建模功能创建两个长方体模型替代生产中的加工对象,如图 7-1-5 所示。

我们创建的长方体模型 1 的长宽高分别为 400、400、300,为了保证模型中心点在 X 轴的正方向、Y 轴方向为零,我们设置"角点"坐标值为(350, − 200 ,0),如图 7-1-6 所示。

角点可以通过选择表面和捕捉中心新确定角点的中心位置,然后在 X 轴和 Y 轴移动-75,所以角点坐标设置为(475, − 75 ,300),如图 7-1-7 所示。

为了便于观察,我们将创建的模型进行颜色修改,操作如下,如图 7-1-8 所示。

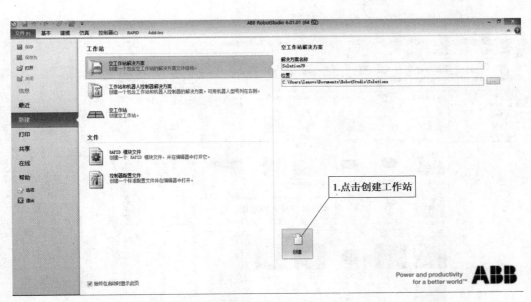

图 7-1-1　建立工作站

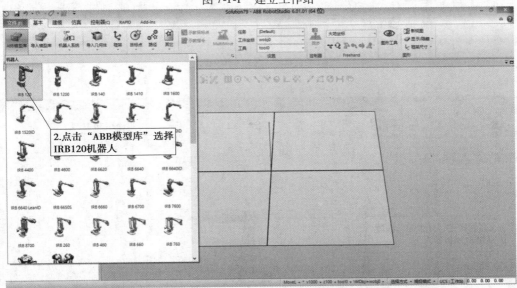

图 7-1-2-1　导入 IRB120 机器人模型

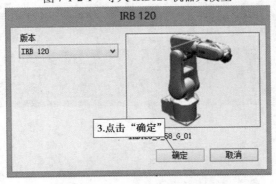

图 7-1-2-2　导入 IRB120 机器人模型

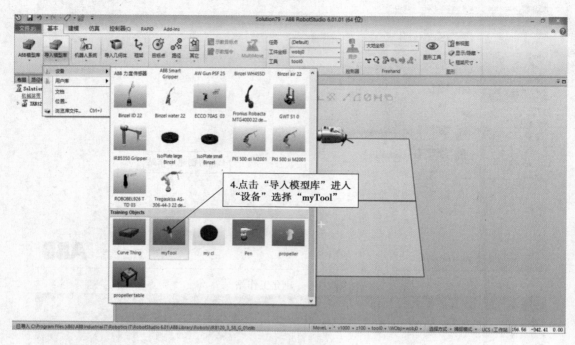

图 7-1-3　加载机器人工具

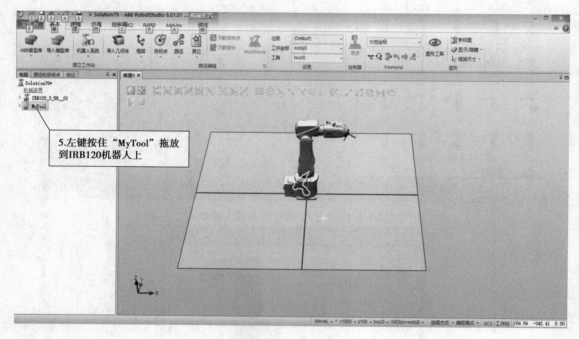

图 7-1-4　工具安装

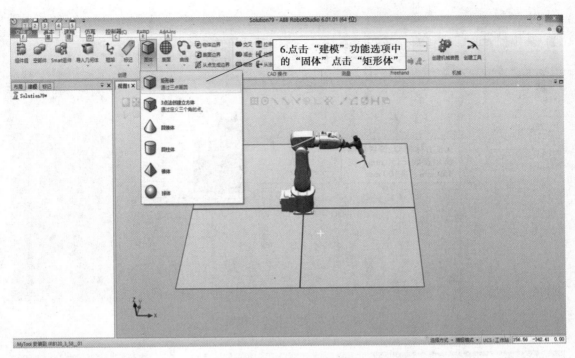

图 7-1-5　创建长方体模型 1

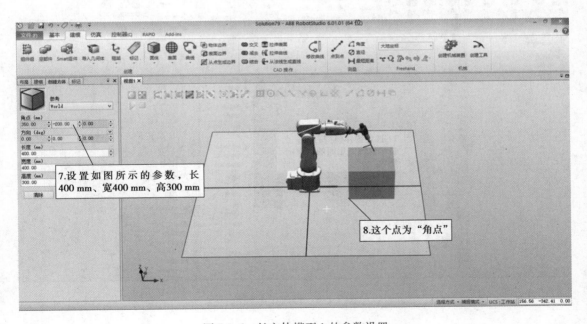

图 7-1-6　长方体模型 1 的参数设置

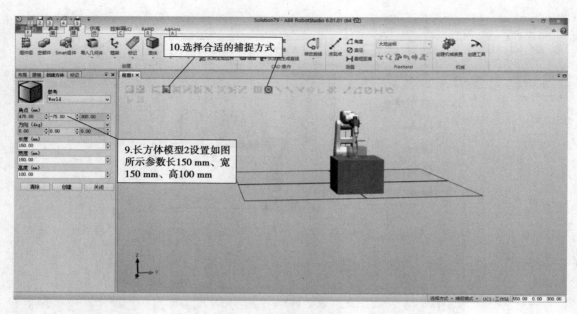

图 7-1-7　建立长方体模型 2

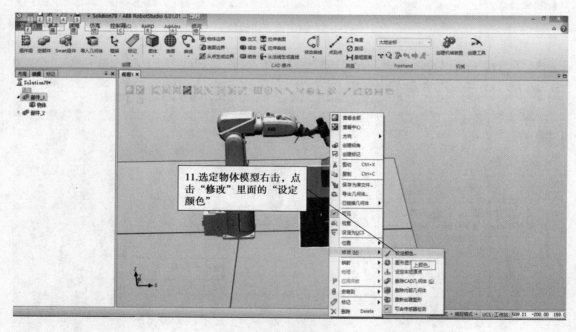

图 7-1-8　修改模型颜色

3. 生成机器人系统,如图 7-1-9—图 7-1-12 所示。

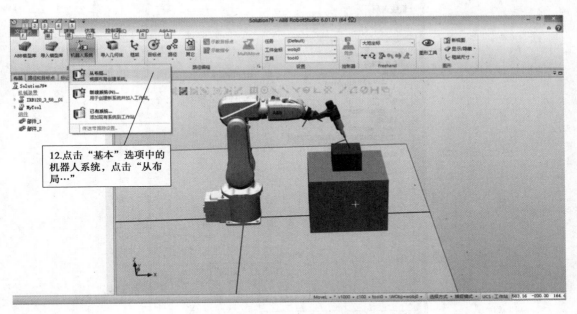

图 7-1-9　生成机器人系统

图 7-1-10　修改机器人系统名称

图 7-1-11　确认机器人系统机械装置

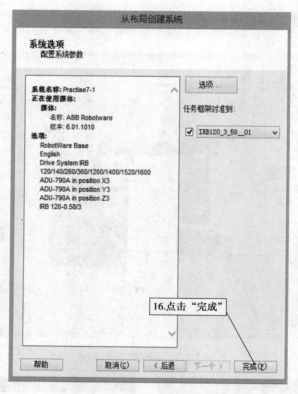

图 7-1-12　完成机器人系统参数设置

4. 打开虚拟示教器并进行语言设置，如图 7-1-13 所示。

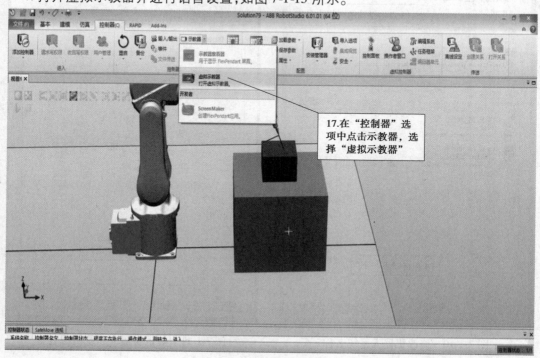

图 7-1-13　打开虚拟示教器

点击虚拟示教器,6.01 版本的 RobotStudio Ware 仿真软件虚拟示教器显示如下,如图
7-1-14、图 7-1-15 所示。

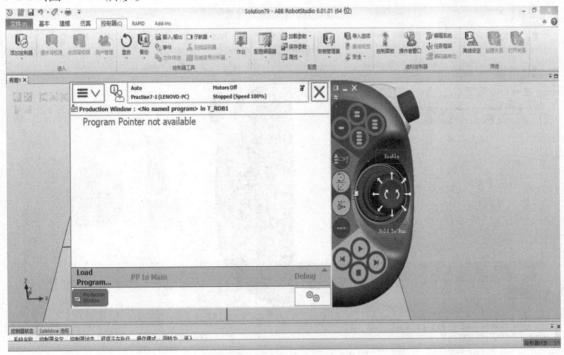

图 7-1-14　虚拟示教器界面

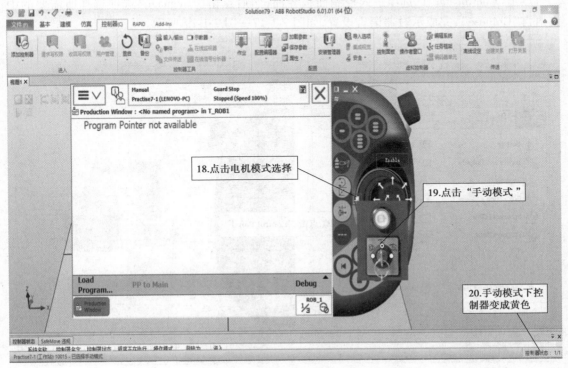

图 7-1-15　虚拟示教器的手动操作模式

左键点击示教器外壳的非操作部分可以移动虚拟示教器的位置,再配合工作站目标的移动,合理配置,完成示教器和机器人系统的位置摆放,如图 7-1-16 所示。

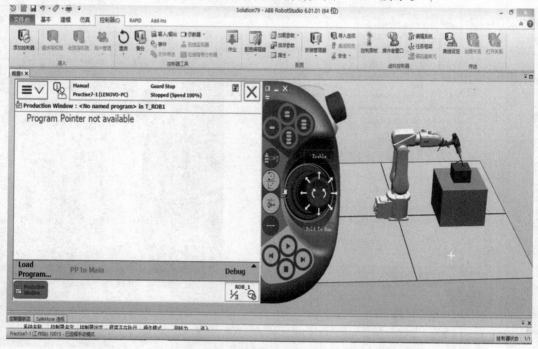

图 7-1-16　合理布局虚拟示教器

点击"Control Panel"选项进入控制面板界面,然后点击"Language"选项选择所需要的中文语言"Chinese",完成示教器语言设置,如图 7-1-17—图 7-1-19 所示。

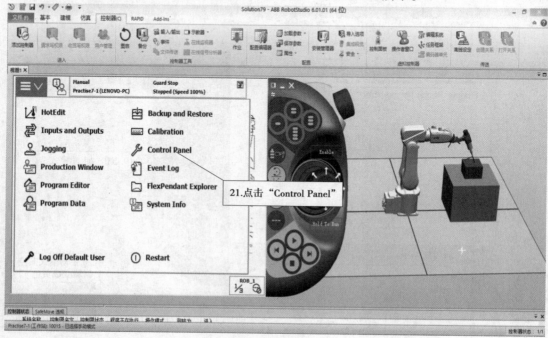

图 7-1-17　进入控制面板界面

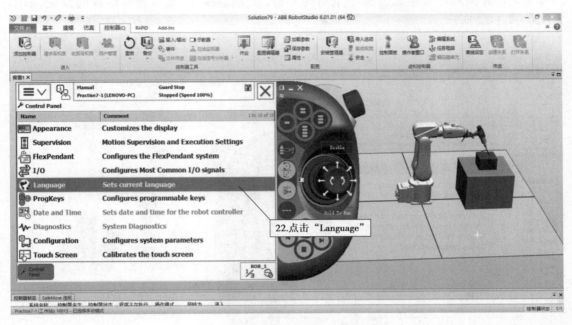

图 7-1-18 进入语言选择界面

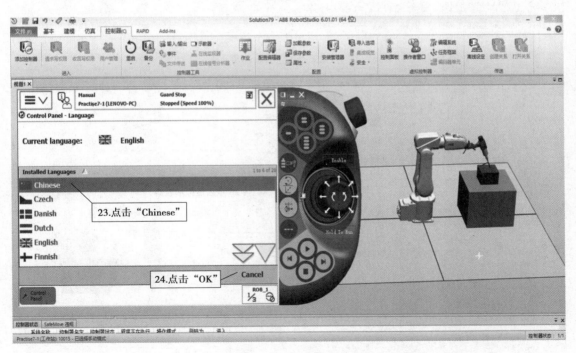

图 7-1-19 选择示教器语言

示教器界面将出现示教器需要重启的界面,点击"Yes"完成示教器语言的设置,如图7-1-20—7-1-22 所示。

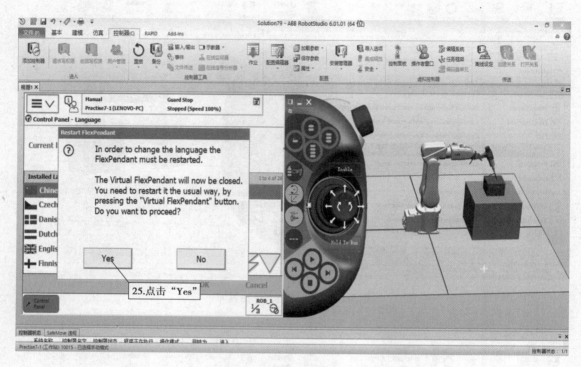

图 7-1-20　重启示教器界面

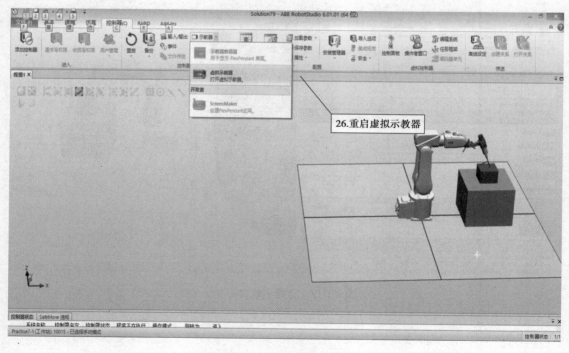

图 7-1-21　重启示教器

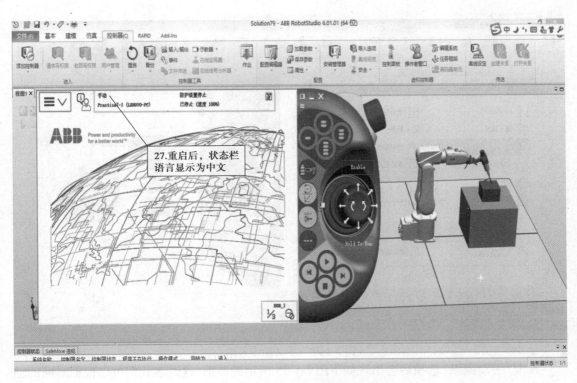

图 7-1-22　重启后的示教器界面

5. 机器人的手动操纵，如图 7-1-23—图 7-1-36 所示。

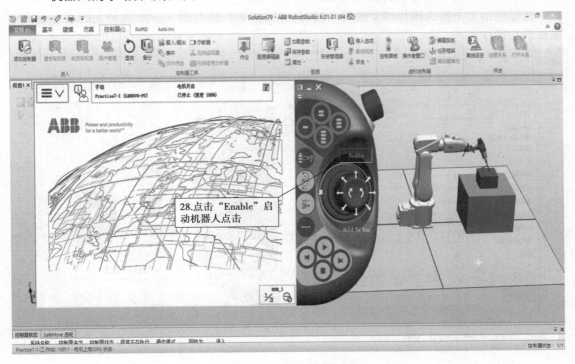

图 7-1-23　启动使能键

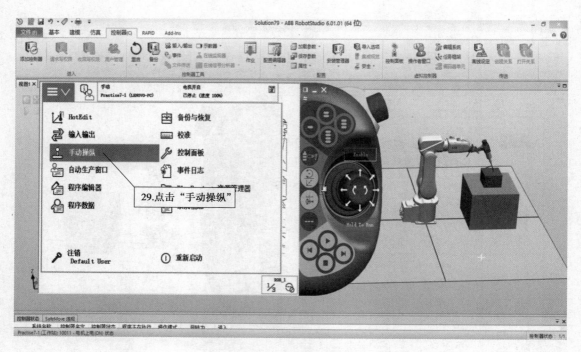

图 7-1-24　手动操作界面

　　点击"手动操纵"选项后会出现如下图 7-1-25 所示的界面,这时候我们可以根据界面的轴方向显示操作机器人的运动。我们根据轴的排列从左至右分别对轴 2、轴 1、轴 3 进行操作,同学们可以观察机器人各轴的变化情况。

　　通过点击上下箭头操作轴 2 的转动情况,对比图 7-1-24 与图 7-1-25 机器人的状态变化来观察手动操作。

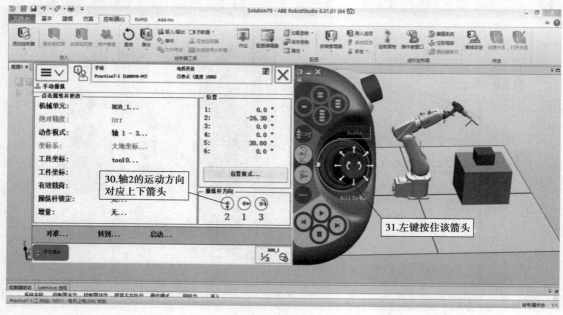

图 7-1-25　轴 2 的手动操纵

左右箭头方向对应轴 1 的运动方向,我们点击箭头操作轴 1 旋转,如下图。

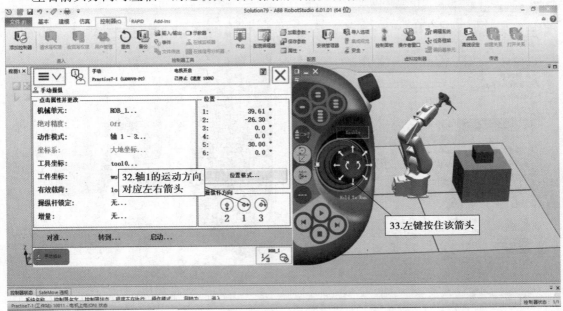

图 7-1-26　轴 1 的手动操纵

同学们可以根据"位置"数据变化对比机器人各轴的运动效果更直接的了解各轴的运动情况。轴 3 与下面的轴 4、轴 5、轴 6 的操作方法与轴 2、轴 1 的方法一致,这里就不再详细叙述了。

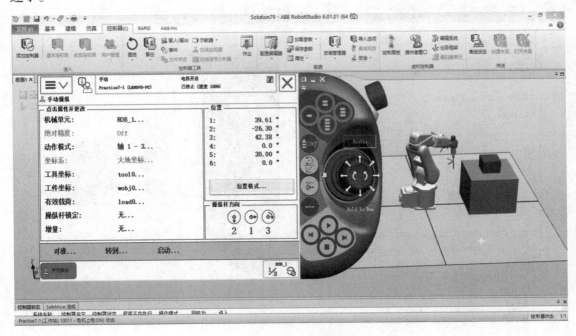

图 7-1-27　轴 3 的手动操纵

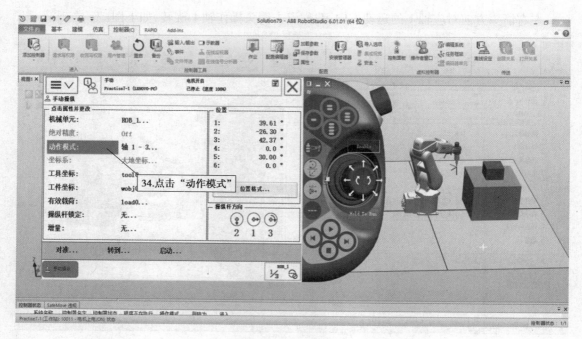

图 7-1-28　选择动作模式

选择中轴 4-6 之后，操作杆方向里将出现对应的轴 5、轴 4、轴 6 的操作方向。我们根据对应的方向在示教器操作杆对应的箭头对机器人进行操作。

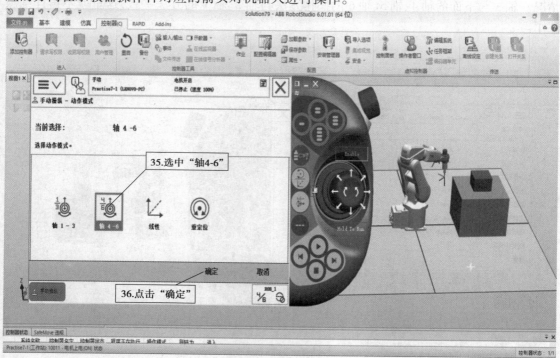

图 7-1-29　修改运动轴

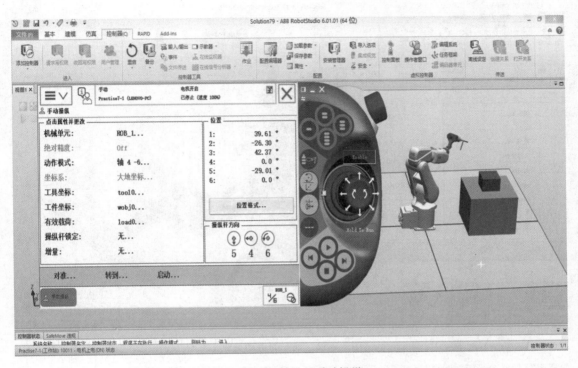

图 7-1-30　轴 5 的手动操纵

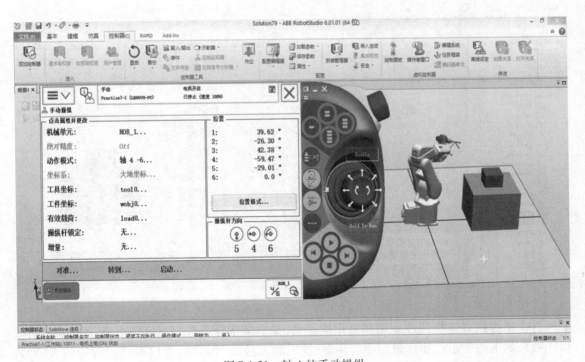

图 7-1-31　轴 4 的手动操纵

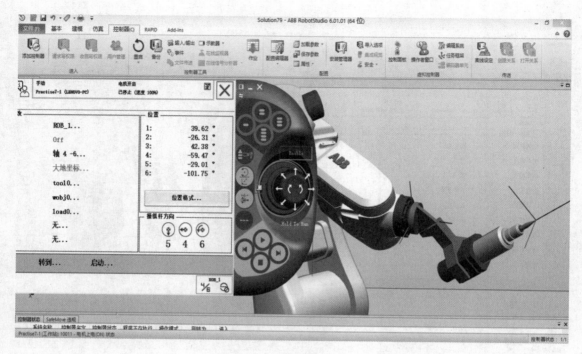

图 7-1-32　轴 6 的手动操纵

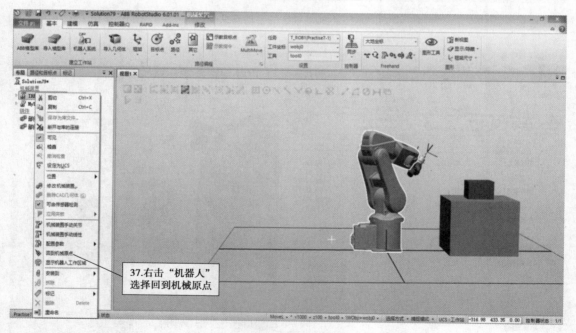

37.右击"机器人"
选择回到机械原点

图 7-1-33　回到机械原点

点击动作模式选择线性运动和重定位运动,根据操作杆箭头与对应的 X、Y、Z 方向操作。操作效果如下图所示。操作过程中应注意:我们的工具是"Tool0",所以运动过程中的 X\Y\Z 线性运动值得是机器人工具(法兰盘末端)的线性运动和重定位运动。

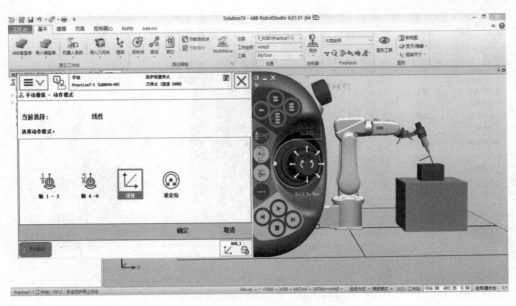

图 7-1-34　选择线性运动模式

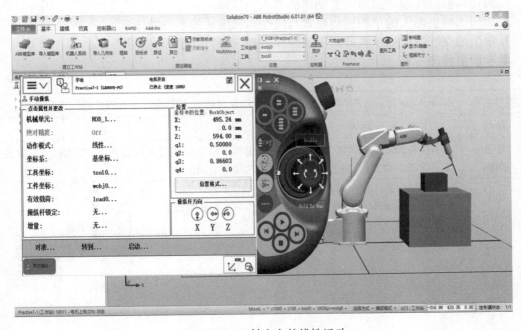

图 7-1-35　X 轴方向的线性运动

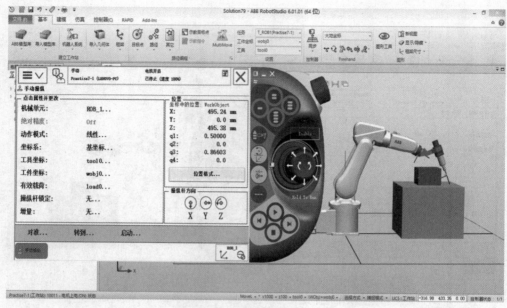

图 7-1-36　Z 轴方向的线性运动

课后思考及练习

1. 为什么打开虚拟示教器需要创建机器人工作站。
2. 如何切换机器人的单轴运动模式与线性运动模式的手动操作？
3. 学生独立练习虚拟示教器的手动操作过程，提高示教器的使用能力。

教学质量检测

任务书 7-1

项目名称	RobotStudio 仿真软件中的虚拟示教器	任务名称	打开虚拟示教器并进行手动操作	
班级		姓名	学号	组别
任务内容	本任务通过创建机器人工作站，打开虚拟示教器完成语言设置并进行单轴、线性以及重定位等手动操作，熟悉虚拟示教器的功能与应用。			
任务目标	1. 掌握如何进入虚拟示教器界面 2. 通过操作虚拟示教器进行机器人的手动操作	掌握情况	1. 了解 2. 熟悉 3. 熟练掌握	
任务实施总结				
教师评价				

任务二　利用虚拟示教器模拟设定三个关键的程序数据

任务描述

我们将通过前一章节建立的工作站机器人系统完成三个关键程序数据的设定。在仿真软件中通过虚拟示教器操作机器人的运动,设定工具数据、工件坐标、有效载荷数据的操作步骤,实现机器人的实训操作任务。

技能训练

首先我们打开上一章节建立的工作站机器人系统,如下图 7-2-1—图 7-2-3 所示。

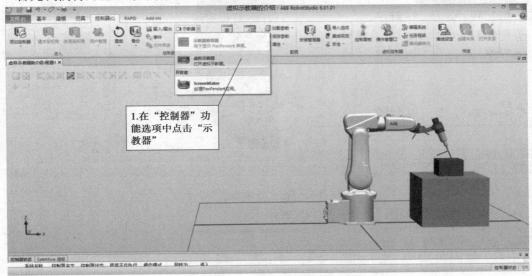

图 7-2-1　打开虚拟示教器

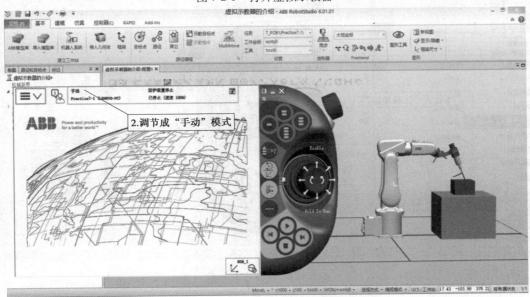

图 7-2-2　调整好虚拟示教器位置

231

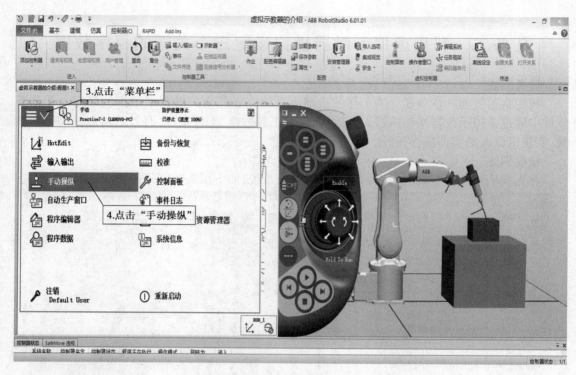

图 7-2-3 进入"手动操纵"界面

1. 定义工具数据，如图 7-2-4—图 7-2-25 所示。

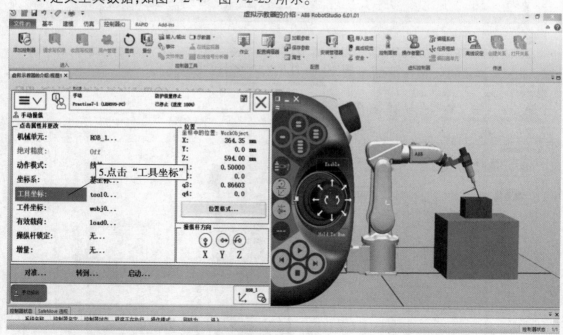

图 7-2-4 选择工具坐标

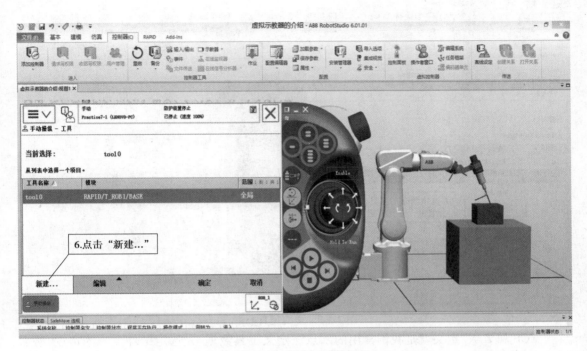

图 7-2-5　创建工具数据

工具数据参数设置一般选择默认即可, 名字如果有重复可进行修改, 如图 7-2-6 所示。

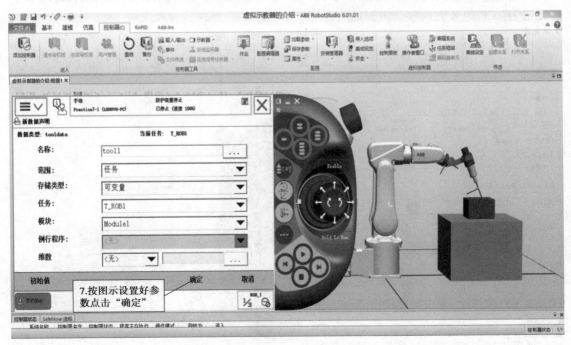

图 7-2-6　设置工具数据参数

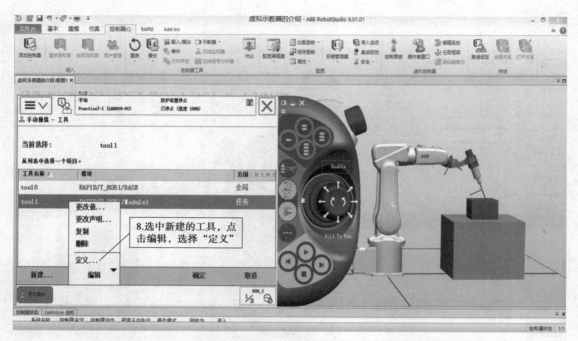

图 7-2-7　定义工具数据

　　"TCP 和 Z,X"定义就是我们常用的六点法定义工具数据,先选定工件上一固定点,然后将工具的一点(最好是中心点)以不同的姿态靠近工件固定点,第四点为垂直于固定点所在参考面,第五点为从固定点向将要设定为 TCP 的 X 方向移动得到的点,第六点为从固定点向将要设定为 TCP 的 Z 方向移动得到的点。

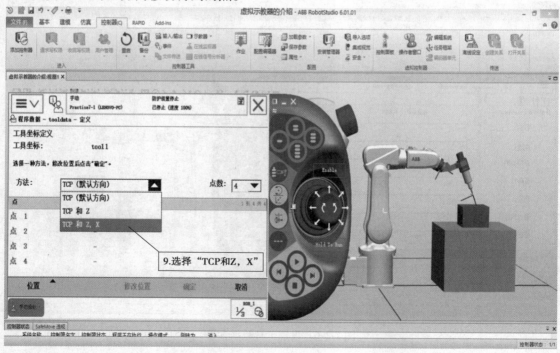

图 7-2-8　选择工具数据定义方法

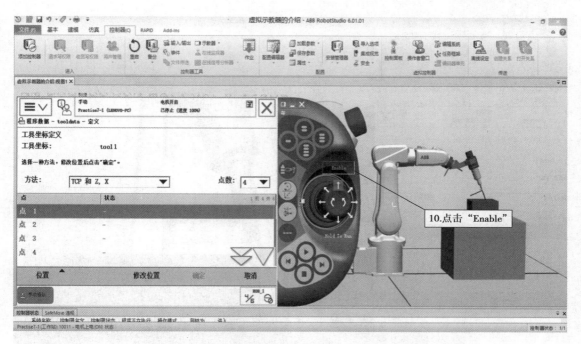

图 7-2-9　靠近固定点

我们在手动操纵机器人运动的时候，有时候会遇到"活动时靠近奇点"的错误信息，这时候点击会在防护装置的监控下自动停止。同时需要先确认错误信息，然后重新点击使能键启动电机，最后改变轴的运动（比如之前是 Z 轴，可以改成 X 轴或 Y 轴方向运动）。

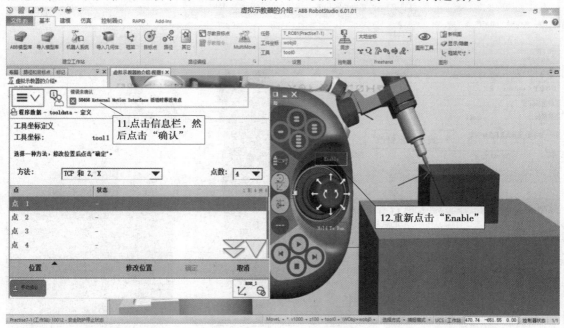

图 7-2-10　"靠近奇点"处理办法

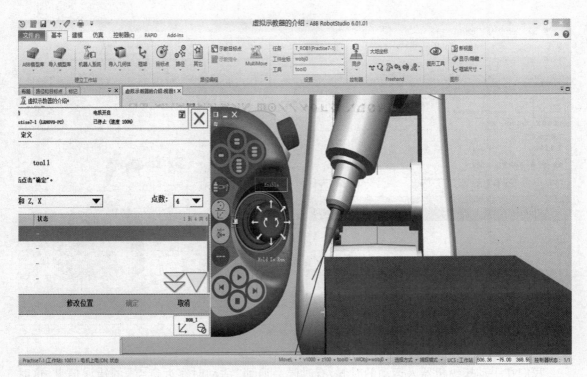

图 7-2-11　改变视角方向准确接近固定点

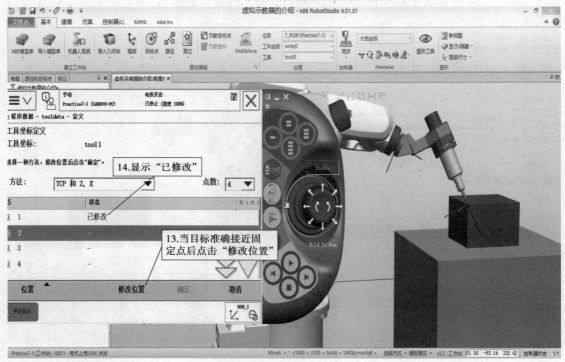

图 7-2-12　修改点 1 的位置

调整工具姿态,以同样的方法接近该固定点,完成点 2 的位置修改,如图 7-2-13 所示。

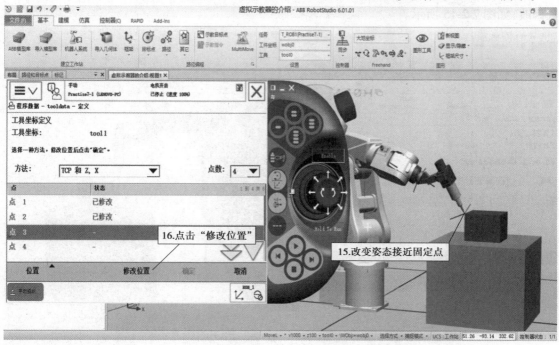

图 7-2-13　修改点 2 的位置

以相同的方法确定点 3 的位置,如图 7-2-14

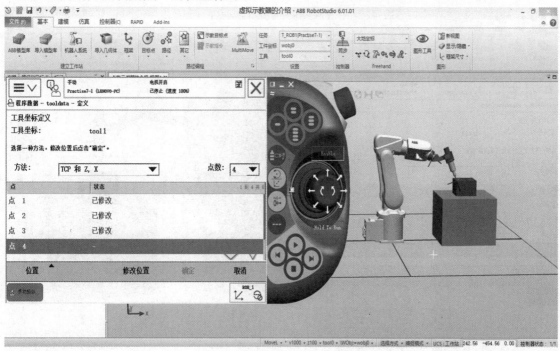

图 7-2-14　修改点 3 的位置

我们将工具以垂直姿态接近该固定点，方便后续的 X 轴延伸器点、Z 轴的延伸器点的位置修改，如图 7-2-15 所示。

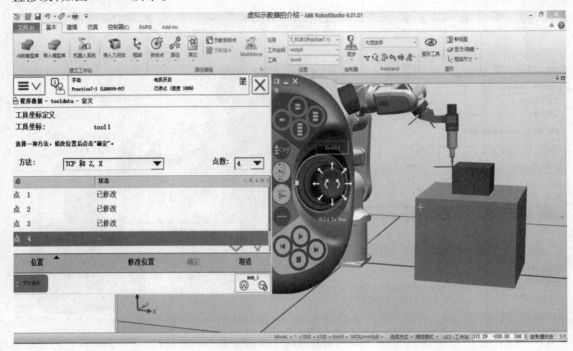

图 7-2-15　修改点 4 的位置

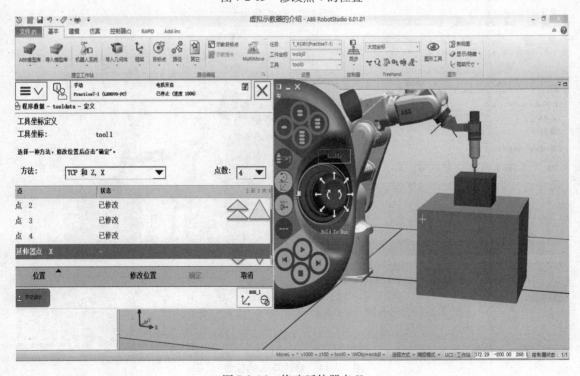

图 7-2-16　修改延伸器点 X

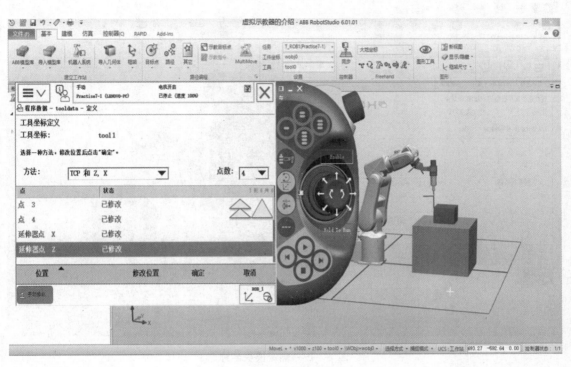

图 7-2-17　修改延伸器点 Z

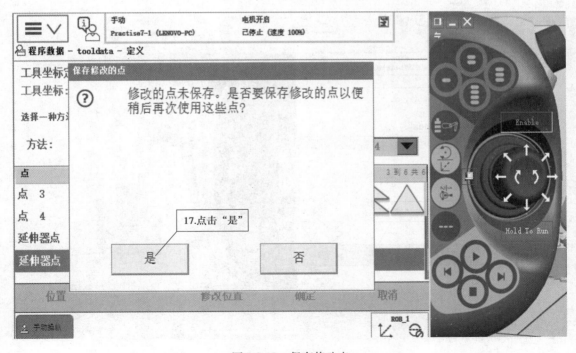

图 7-2-18　保存修改点

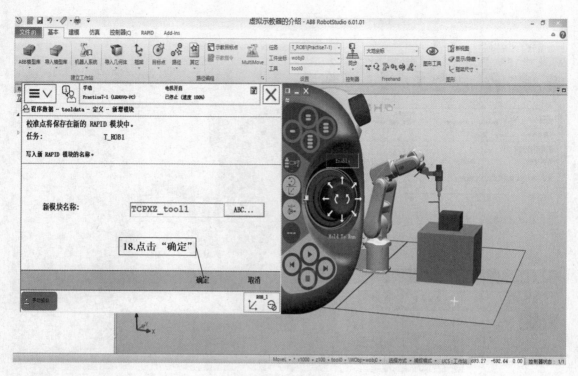

图 7-2-19　确定模块名称

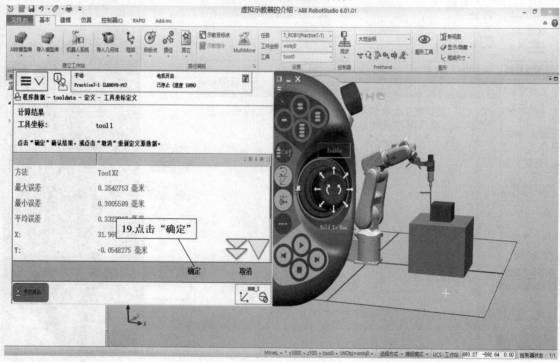

图 7-2-20　查看工具数据误差

选中通过六点定义的工具数据"tool1"点击"编辑"菜单,选择"更改值"对工具数据的参数进行设置,如图 7-2-21 所示。

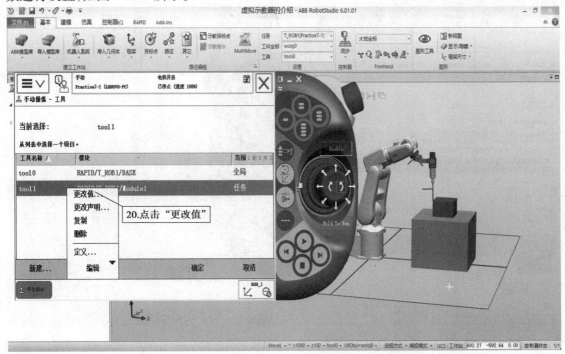

图 7-2-21　更改工具数据的相关值

更改值根据实际零件加工属性进行设定,如图 7-2-22 所示。

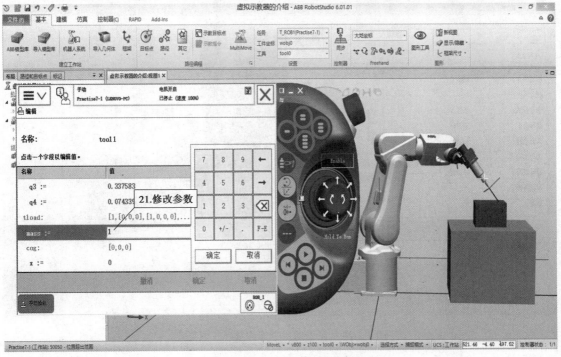

图 7-2-22　"更改值"的设定

241

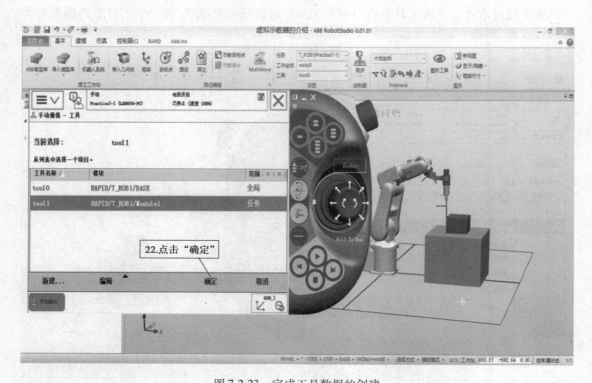

图 7-2-23　完成工具数据的创建

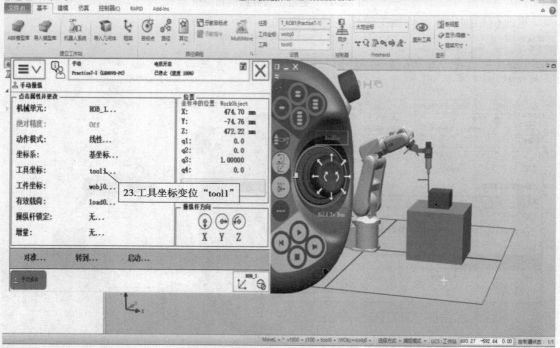

图 7-2-24　在手动操纵界面显示工具数据

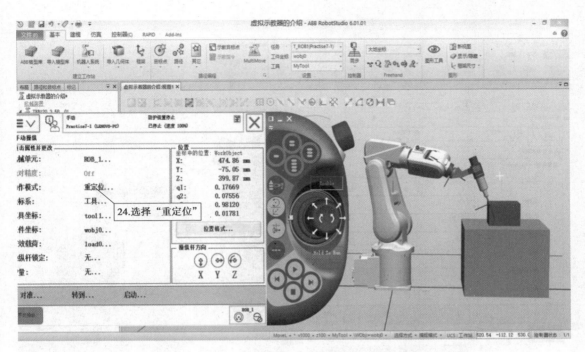

图 7-2-25　在重定位状态下观察工具的运动

2. 设定工件坐标，如图 7-2-26—图 7-2-36 所示。

工件坐标对应工件，它定义工件相对于大地坐标（或其他坐标）的位置。机器人可以拥有若干工件坐标系，或者表示不同工件或者表示同一工件在不同位置的若干副本。

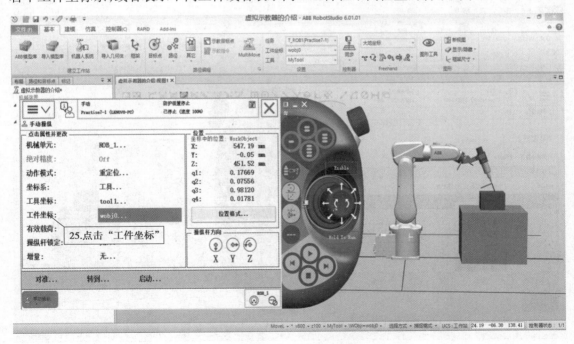

图 7-2-26　工件坐标设定

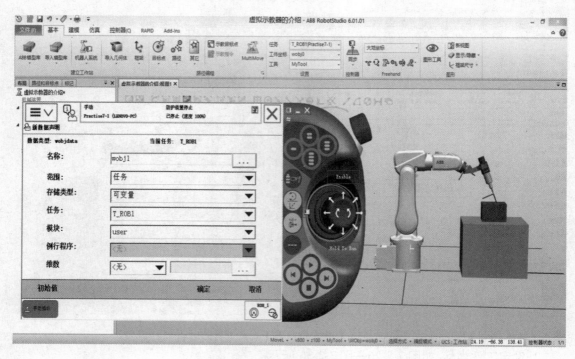

图 7-2-27　设置工件坐标参数

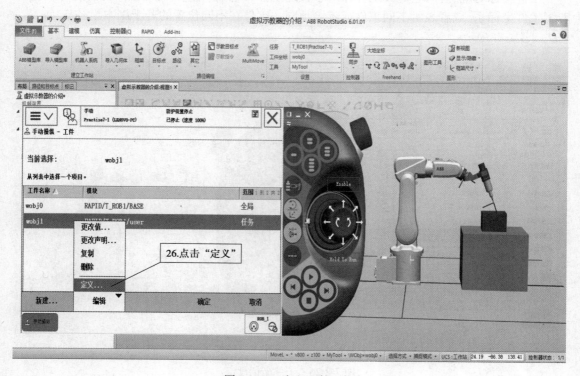

图 7-2-28　定义工件坐标

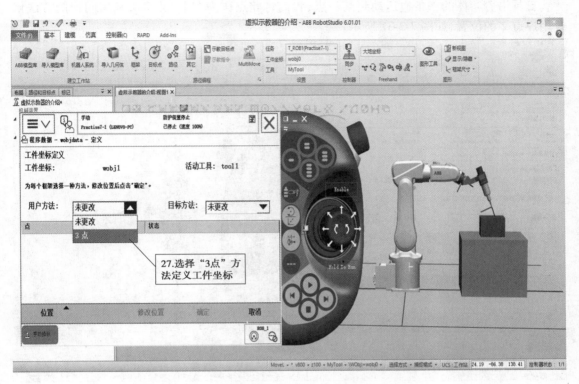

图 7-2-29　选择定义方法

选择合适的运动方式接近图示位置的点，如图 7-2-30 所示。

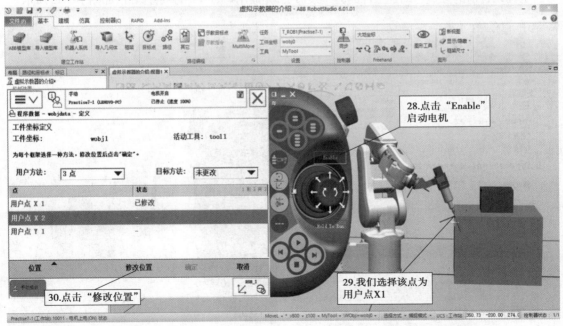

图 7-2-30　定义第一个用户点 X1

工具沿着箱体的一条边运动到某一点,我们将此点作为"用户点2",利用同样的方法修改用户点2的位置,如图7-2-31所示。

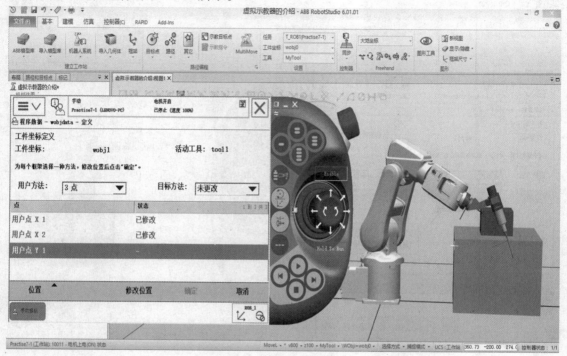

图7-2-31　定义用户点X2

工具以合适的方式运动到工件的另一条边上,完成用户点Y1的位置修改,如图7-2-32所示。

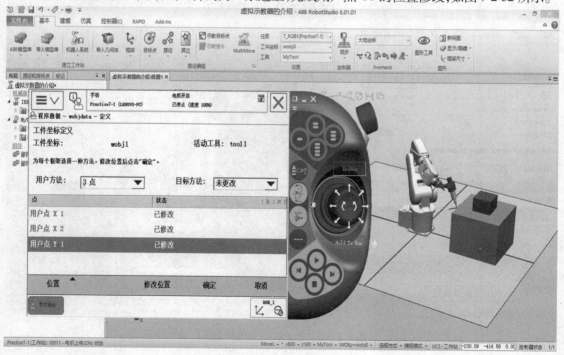

图7-2-32　定义用户点Y1

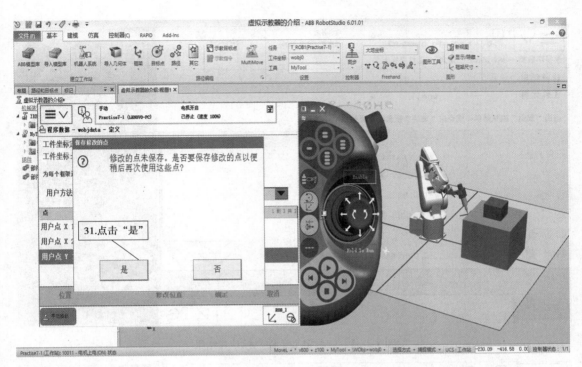

图 7-2-33　保存修改信息

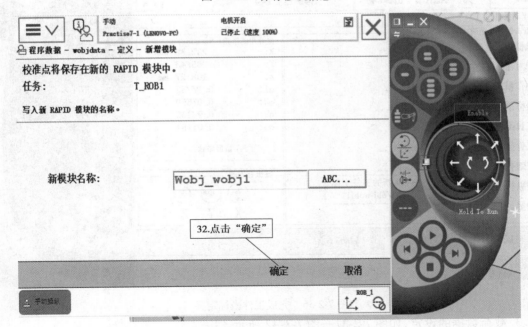

图 7-2-34　确认工件坐标名称

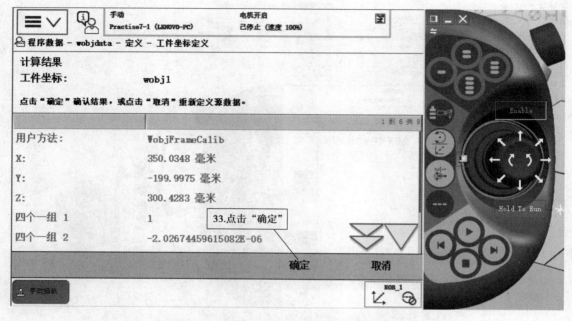

图 7-2-35　查看定义工件坐标计算结果

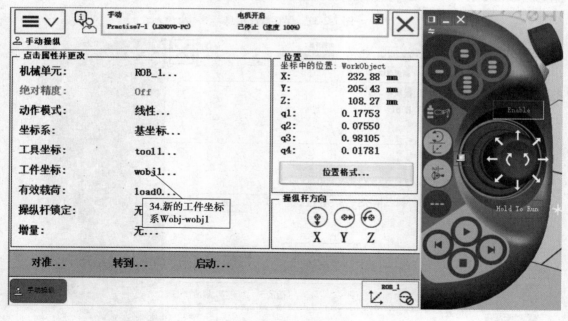

图 7-2-36　完成工件坐标定义

3. 载荷数据的设定,如图 7-2-37—图 7-2-42 所示。

我们操作搬运机器人的过程中,需要对夹具的质量、重心以及搬运对象的质量和重心数据进行确定。

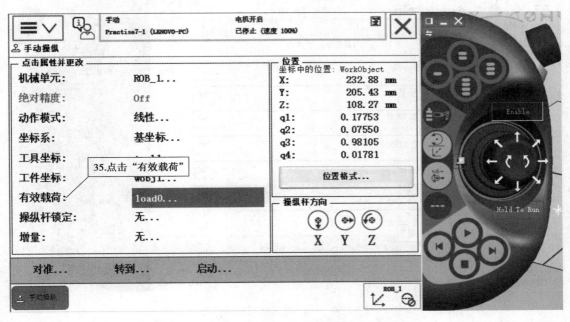

图 7-2-37　设定有效载荷

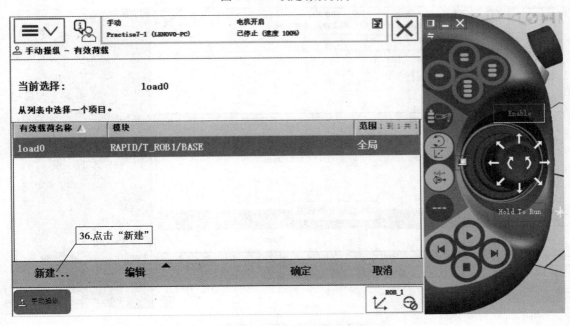

图 7-2-38　新建有效载荷数据

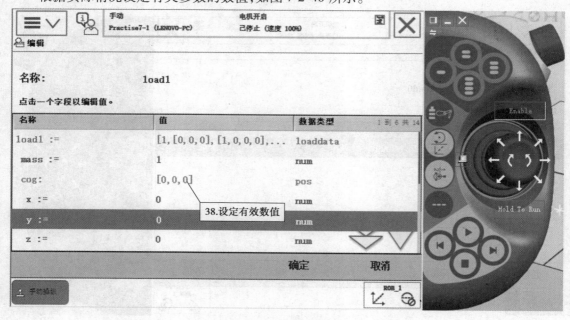

图 7-2-39 设定载荷数据相关参数

根据实际情况设定有关参数的数值,如图 7-2-40 所示。

图 7-2-40 设定有效载荷数值

mass:有效载荷质量

x,y,z 有效载荷重心

q1,q2,q3,q4 力矩轴方向

ix,iy,iz 有效载荷的转动惯量

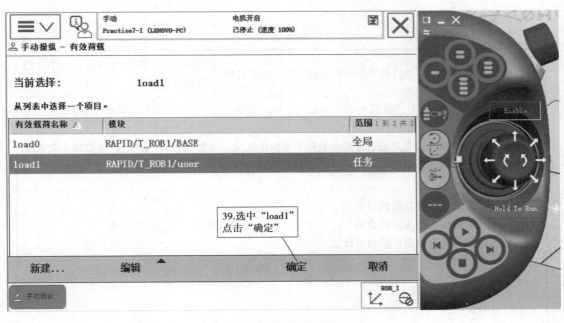

图 7-2-41 选择有效载荷

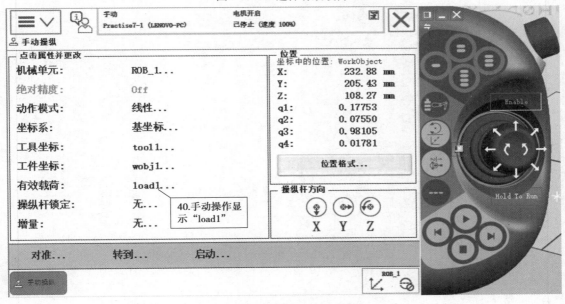

图 7-2-42 完成有效载荷数据的设定

课后思考及练习

1. 了解虚拟示教器编程的一般操作步骤?

2. 编程的 3 个关键程序数据分别指哪 3 个?

3. 练习手动操作完成 3 个关键程序数据的定义。

教学质量检测

任务书 7-2

项目名称	RobotStudio 仿真软件中的虚拟示教器	任务名称	利用虚拟示教器模拟设定 3 个关键的程序数据
班级		姓名		学号		组别	

任务内容	本次任务主要通过虚拟示教器手动操作完成工具数据、工件坐标、载荷数据 3 个关键程序数据的设定。		
任务目标	1. 完成工具数据的设定 2. 完成工件坐标的设定 3. 完成有效载荷数据的设定	掌握情况	1. 了解 2. 熟悉 3. 熟练掌握
任务实施总结			
教师评价			

参考文献

［1］叶晖.工业机器人工程应用虚拟仿真教程［M］.北京:机械工业出版社,2013.

［2］叶晖,管小清.工业机器人实操与应用技巧［M］.北京:机械工业出版社,2010.

［3］汪励,陈小艳.工业机器人工作站系统集成［M］.北京:机械工业出版社,2014.